应用数理统计

（基于 MATLAB 实现）

主　编　李建辉　王　震　章培军

副主编　惠小健　苏佳琳　刘　鑫

参　编　任水利　吴　静　丁毅涛

　　　　尚云艳　郭　茹　郭姣姣

机械工业出版社

本书是根据教育部各专业类教学质量国家标准对本课程的基本要求编写的普通高校教材. 针对应用型人才培养和工程技术应用需求，本书主要内容为数理统计理论模型及其应用，包括数理统计的基本概念、参数估计、假设检验、回归分析、方差分析和随机过程. 每个数理统计模型的讲解均与工程背景例题相对应，既有理论计算和推演，又有 MATLAB 软件实现过程. 每章末配有相应的习题，以应用题为主，注重知识的巩固和应用，同时附有参考答案.

本书可作为普通高等学校工科类各专业本科生和研究生的教材，也可作为数学建模课程和各类大学生数学建模竞赛的资料，还可作为工程技术人员的参考书.

图书在版编目（CIP）数据

应用数理统计：基于 MATLAB 实现/李建辉，王震，章培军主编. —北京：机械工业出版社，2023.3（2024.8 重印）

ISBN 978-7-111-72335-6

Ⅰ.①应…　Ⅱ.①李…②王…③章…　Ⅲ.①数理统计-研究生-教材　Ⅳ.①O212

中国国家版本馆 CIP 数据核字（2023）第 010673 号

机械工业出版社（北京市百万庄大街 22 号　邮政编码 100037）

策划编辑：韩效杰　　责任编辑：韩效杰　李　乐

责任校对：李　杉　王明欣　　封面设计：王　旭

责任印制：郜　敏

中煤（北京）印务有限公司印刷

2024 年 8 月第 1 版第 2 次印刷

184mm×260mm · 11.25 印张 · 262 千字

标准书号：ISBN 978-7-111-72335-6

定价：39.00 元

电话服务

客服电话：010-88361066

010-88379833

010-68326294

网络服务

机　工　官　网：www.cmpbook.com

机　工　官　博：weibo.com/cmp1952

金　书　网：www.golden-book.com

机工教育服务网：www.cmpedu.com

前　　言

数理统计是以概率论为基础，研究如何有效地进行数据收集、整理和分析数据，进而对受到随机因素影响的数据进行统计推断的学科. 近年来，随着计算机技术的迅速发展，数理统计理论与方法在工程、经济、管理、医学、农林等领域的应用越来越广. 越来越多的理论与现实问题被人们转化为对随机数据的统计规律性进行统计描述和统计推断. 因此，数理统计是从事科学研究和解决实际问题的基础性工具.

作为基础教材，本书旨在阐述数理统计的基本概念、基本方法和基本理论，兼顾概念、方法和理论在实际问题中的应用，尤其是在工程数据分析中的应用，既有理论的深度，又有应用的广度. 本书的例题均带有工程背景，而且例题的解答配套了对应的 MATLAB 软件实现. 帮助读者提升利用计算机解决问题的能力. 为贯彻党的二十大精神，利用新形态教材平台设置了“中国数学家与数学家精神”学习内容，介绍在数理统计相关领域取得辉煌成就的数学家及其学术贡献和先进事迹，传递科学精神，有助于培养读者追求真理、勇攀科学高峰的责任感和使命感.

本书是在编者多年教学实践、研究和探索的基础上编写而成的，同时也参考了国内外相关文献和资料. 全书共 6 章，内容包括数理统计的基本概念、参数估计、假设检验、回归分析、方差分析、随机过程. 第 1 章由章培军编写，第 2 章由刘鑫和王震共同编写，第 3 章由苏佳琳和刘鑫共同编写，第 4 章由李建辉和王震共同编写，第 5 章由苏佳琳和惠小健共同编写，第 6 章由李建辉和惠小健共同编写，全书由李建辉、王震和章培军统稿. 本书还配套了各章节对应的教案和多媒体课件等教学资源，教案由任水利、吴静和郭姣姣共同编写，多媒体课件等资料由丁毅涛、尚云艳和郭茹制作. 此外，本书获得了西京学院研究生教材建设项目（2021YJC-03）及课程思政示范课建设项目（2022-YKCSZ-05）的资助，同时在编写过程中得到了西京学院数学教研室全体同仁的支持与帮助，在此表示感谢.

本书虽经反复校对和多次讨论，但限于编者学识和水平，不妥之处在所难免，恳请读者批评指正.

编　者

目　录

第 1 章 数理统计的基本概念

数理统计是以概率论为基础，研究大量随机现象的统计规律性的数学分支，主要研究如何有效地收集、整理和分析受随机因素影响的数据，并对所考虑的问题做出推断或预测，为采取决策和行动提供依据和建议，其理论和方法已广泛应用于自然科学和社会科学等各个领域.

中国数学家与数学家精神：
“概率论的传入者”
——华蘅芳

1.1 概率论基础

概率论是数理统计的基础，为此，先简要复习概率论的基本概念、随机变量及其分布、随机变量的数字特征、大数定律与中心极限定理等内容.

1.1.1 概率论的基本概念

1. 随机现象

自然界及生活中出现的现象是多种多样的，从结果能否预测的角度划分，可以分为两大类：确定性现象和随机现象. 在一定条件下，可以预测其结果，即在一定的条件下，进行重复试验与观察，其结果总是确定的，这类现象称为**确定性现象**. 例如，太阳东升西落；在标准大气压条件下，温度达到100℃的纯水必然沸腾等. 在相同条件下重复进行某种试验，有多种可能的结果发生，而在试验或观察之前不能预知确切的结果，这类现象称为**随机现象**. 例如，掷一枚质地均匀的硬币时出现“正面”或“反面”朝上；某电话台每小时接到的电话呼叫次数等.

对于某些随机现象，虽然对少数试验中其结果呈现出不确定性，但在大量重复试验中其结果又具有统计规律性. 例如，抛掷一枚质地均匀的硬币，当抛掷的次数相当多时，就会出现“正面”和“反面”朝上的次数比大约是1∶1；查看各国人口统计资料，就会发现新生婴儿中男女约各占一半，随机现象所呈现出的这种固有的规律性称为**统计规律性**.

2. 随机试验与随机事件

在一定条件下，对自然现象和社会现象进行的观察和实验称为**试验**，如果一个试验同时满足以下三个条件：

(1) 可以在相同的条件下重复地进行；

(2) 每次试验的结果可能不止一个，但试验所有可能的结果是明确的；

(3) 每次试验之前无法预知会出现哪一种结果，

则称该试验为**随机试验**，用 E 来表示.

尽管一个随机试验的结果是不确定的，但其所有可能的结果是明确的. 称随机试验所有可能的结果组成的集合为**样本空间**，记为 Ω；样本空间的每一个元素称为样本点，记为 ω；样本点组成的集合称为**随机事件**，简称为**事件**，一般用大写字母 A，B，C 等表示；特别地，单个样本点组成的集合称为一个**基本事件**；每次试验中总是发生的事件称为**必然事件**，记为 Ω；每次试验中均不发生的事件称为**不可能事件**，记为$\varnothing$.

因为事件是样本空间中一些样本点的集合，所以事件间的关系与运算就可按照集合间的关系和运算来处理. 根据“事件发生”的含义，可以给出事件包含关系、相等、和事件、积事件、互不相容事件、对立事件、事件的差和完备事件组等概念[1].

3. 事件的概率

在相同条件下，进行 n 次试验，其中事件 A 发生的次数为 n_A，则称次数 n_A 为事件 A 发生的频数，并称比值

$$f_n(A)=\frac{n_A}{n}$$

为事件 A 在 n 次试验中发生的**频率**. 在随机试验 E 中，若当试验的重复次数 n 充分大时，事件 A 发生的频率 $f_n(A)$ 稳定地在某常数 p 附近波动，则称 p 为事件 A 发生的**概率**，记为 $P(A)$，即

$$P(A)=p.$$

明确了概率与频率的关系后，我们就可以利用频率来估计概率. 历史上，有些人曾做过成千上万次投掷硬币的试验，表 1.1.1 列出了其试验数据.

表 1.1.1　投掷硬币试验数据表

试验者	投掷次数	出现“正面”朝上的次数	频率
德摩根(D. Mogen)	2048	1061	0.5181
蒲丰(Buffon)	4040	2048	0.5069
K. 皮尔逊(K. Pearson)	12000	6019	0.5016
K. 皮尔逊(K. Pearson)	24000	12012	0.5005

由表1.1.1可看出，在投掷次数越来越多时，出现“正面”朝上的频率越来越接近0.5，出现“正面”朝上的概率为0.5.

由概率的统计定义容易得到概率具有以下三条性质：

(1) **非负性**：对于每个事件A有$0\leqslant P(A)\leqslant 1$；

(2) **规范性**：对于必然事件有$P(\Omega)=1$；

(3) **有限可加性**：设$A_1,A_2,\cdots,A_k$是两两互不相容的事件，则

$$P\left(\bigcup_{i=1}^{k}A_i\right)=\sum_{i=1}^{k}P(A_i).$$

4. 事件的独立性

设A,B是两个随机事件，若$P(AB)=P(A)P(B)$，则称事件A,B**相互独立**(简称**独立**). 设$A_1,A_2,\cdots,A_n$是n个随机事件，若其中任意的整数$k(1<k\leqslant n)$和任意的k个整数$i_1,i_2,\cdots,i_k(1\leqslant i_1<i_2<\cdots<i_k\leqslant n)$，都有

$$P(A_{i_1}A_{i_2}\cdots A_{i_k})=P(A_{i_1})P(A_{i_2})\cdots P(A_{i_k}),$$

则称事件$A_1,A_2,\cdots,A_n$相互独立.

1.1.2 随机变量及其分布

随机变量是概率论中另一个重要的概念，通过引进随机变量的概念，可把对事件的研究转化为对随机变量的研究. 由于随机变量是以数量的形式来描述随机现象，因此它给理论研究和数学运算都带来了极大方便. 设Ω为某随机试验的样本空间，如果对于Ω中任何一个样本点ω，有唯一确定的实数$X(\omega)$与之对应，则称$X(\omega)$为**随机变量**.

1. 随机变量的分布函数

设X为一随机变量，对任何实数x，称函数

$$F(x)=P\{X\leqslant x\}$$

为随机变量X的**分布函数**.

分布函数是随机变量的重要特征，全面描述了随机变量的统计规律. 由于随机变量具有良好的性质，可以使用微积分的方法来处理. 因此，在概率论中引入随机变量及其分布函数的概念，就好像在随机现象和微积分之间架起了一座桥梁，使微积分这个强有力的工具可以通过这座桥梁进入随机现象的研究领域中来. 在后面的讨论中，我们可以看到微积分这一工具如何发挥它的作用，并由此体会随机变量及分布函数这两个概念的地位和作用.

分布函数$F(x)$具有以下性质：

(1) **单调不减性**：$F(x)$是x的单调不减函数.

(2) **有界性**：对一切 $x \in (-\infty, +\infty)$，$0 \leqslant F(x) \leqslant 1$，且

$$F(-\infty) = \lim_{x \to -\infty} F(x) = 0, \quad F(+\infty) = \lim_{x \to +\infty} F(x) = 1.$$

(3) **右连续性**：$F(x)$ 是右连续的函数，即对任意的 $x = x_0$，有

$$F(x_0 + 0) = \lim_{x \to x_0^+} F(x) = F(x_0).$$

以上三条性质是分布函数必须具备的性质. 还可以证明，满足这三条性质的函数一定是某个随机变量的分布函数，从而这三条性质是判别一个函数是否能成为分布函数的充要条件. 随机变量分为离散型随机变量和连续型随机变量. 离散型随机变量的分布形式主要包括：0-1 分布、二项分布、泊松分布、几何分布等；连续型随机变量的分布形式主要包括：均匀分布、指数分布、正态分布等[1].

2. 正态分布

随机变量的分布形式有多种，但最重要的、在生产实践中最常用的是正态分布. 自然界中许多随机变量的分布都服从正态分布. 此外，还有很大一类随机变量近似地服从正态分布.

如果随机变量 X 的概率密度为

$$f(x) = \frac{1}{\sqrt{2\pi}\sigma} e^{-\frac{(x-\mu)^2}{2\sigma^2}}, \quad -\infty < x < +\infty,$$

其中 μ，σ 为常数，且 $\sigma > 0$，则称 X 服从参数为 μ 和 σ^2 的正态分布，记作 $X \sim N(\mu, \sigma^2)$.

正态分布变量 $X \sim N(\mu, \sigma^2)$ 的概率密度曲线也叫作**正态分布曲线**，且正态分布曲线有以下性质：

(1) $f(x)$ 关于直线 $x = \mu$ 对称；

(2) $f(x)$ 在区间 $(-\infty, \mu]$ 上单调递增，在 $[\mu, +\infty)$ 上单调递减，在 $x = \mu$ 处取得最大值 $\frac{1}{\sqrt{2\pi}\sigma}$；

(3) 拐点分别为 $\left(\mu - \sigma, \frac{1}{\sqrt{2\pi e}\sigma}\right)$，$\left(\mu + \sigma, \frac{1}{\sqrt{2\pi e}\sigma}\right)$；

(4) 以 x 轴为渐近线，图 1.1.1 给出了正态分布密度函数的图像.

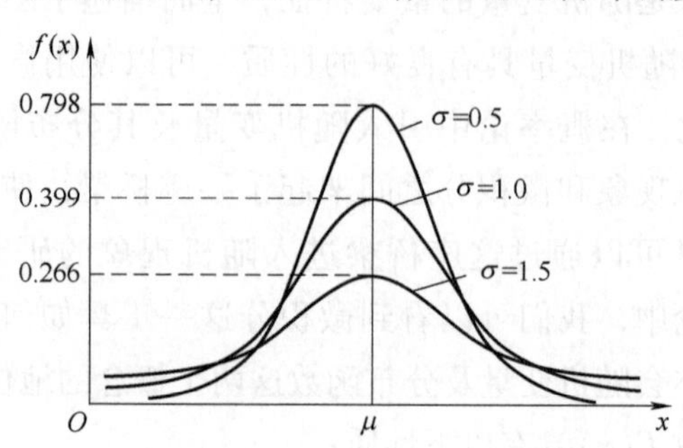

图 1.1.1 正态分布密度函数的图像

在正态分布曲线中，若固定 μ，改变 σ 值，则由 $f(x)$ 的最大值 $f(x)_{\max}=\dfrac{1}{\sqrt{2\pi}\sigma}$ 可知，当 σ 越小时，$\dfrac{1}{\sqrt{2\pi}\sigma}$ 越大，从而曲线越陡峭；当 σ 越大时，$\dfrac{1}{\sqrt{2\pi}\sigma}$ 越小，从而曲线越平缓，如 $\sigma=0.5$，$\sigma=1$，$\sigma=1.5$ 时的曲线如图 1.1.1 所示. 另外，当固定 σ 值，则 μ 值的大小决定曲线的位置. 当 μ 增大时曲线向右平移，当 μ 减少时曲线向左平移，但曲线形状不变，如图 1.1.2 所示.

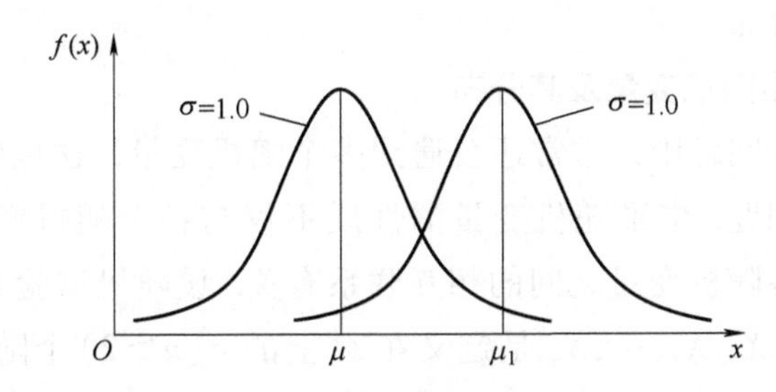

图 1.1.2　正态分布密度函数的图像

容易计算正态分布变量 $X\sim N(\mu,\sigma^2)$ 的分布函数为

$$F(x)=\frac{1}{\sqrt{2\pi}\sigma}\int_{-\infty}^{x}\mathrm{e}^{-\frac{(t-\mu)^2}{2\sigma^2}}\mathrm{d}t,-\infty<x<+\infty .$$

特别地，当 $\mu=0$，$\sigma=1$ 时，称 X 服从标准正态分布，记为 $X\sim N(0,1)$，此时，其概率密度为

$$\varphi(x)=\frac{1}{\sqrt{2\pi}}\mathrm{e}^{-\frac{x^2}{2}},\quad -\infty<x<+\infty ,$$

相应地，其分布函数为

$$\Phi(x)=\frac{1}{\sqrt{2\pi}}\int_{-\infty}^{x}\mathrm{e}^{-\frac{t^2}{2}}\mathrm{d}t,\quad -\infty<x<+\infty .$$

标准正态分布函数在实际工作中应用十分广泛. 由于被积函数的原函数不能用初等函数的形式表示出来，而需借助于级数展开，为了使用方便，人们已经编制了标准正态分布函数 $\Phi(x)$ 的数值表，见附表 1. 表中给出了自变量为非负值的函数值，自变量为负值时，可用 $\Phi(-x)=1-\Phi(x)$ 的关系计算.

若 $X\sim N(0,1)$，对任意 $a<b$，有

$$P\{a<x\leqslant b\}=\frac{1}{\sqrt{2\pi}}\int_{a}^{b}\mathrm{e}^{-\frac{t^2}{2}}\mathrm{d}t=\Phi(b)-\Phi(a),$$

$$P\{|X|\leqslant x\}=\Phi(x)-\Phi(-x)=2\Phi(x)-1.$$

由于 $X\sim N(\mu,\sigma^2)$ 时，有 $Y=\dfrac{X-\mu}{\sigma}\sim N(0,1)$. 从而得到

$$P\{|X-\mu|\leqslant\sigma\}=2\Phi(1)-1\approx0.6828,$$
$$P\{|X-\mu|\leqslant2\sigma\}=2\Phi(2)-1\approx0.9544,$$
$$P\{|X-\mu|\leqslant3\sigma\}=2\Phi(3)-1\approx0.9974.$$

最后一个数值说明 X 落在 $[\mu-3\sigma,\mu+3\sigma]$ 上的概率达到 99.74%，也就是 X 落在区间 $[\mu-3\sigma,\mu+3\sigma]$ 之外的概率已不足 0.3%，可以认为 X 几乎不在该区间之外取值，这个结果通常称为“3σ 规则”. 许多自然界中的随机变量，如测量的误差，人群的身高和体重，产品的直径、长度、重量，电源电压等都服从或近似服从正态分布.

3. n 维随机变量及其分布

在实际问题中，常常还会遇到多个随机变量，这也就是多维随机变量问题. 多维随机变量的性质不仅与各个随机变量有关，而且还与各随机变量之间的相互联系有关. 设随机试验 E 的样本空间为 Ω，$X_1,X_2,\cdots,X_n$ 是定义在 Ω 上的 $n(n\geqslant2)$ 个随机变量，称由它们构成的 n 维向量 $(X_1,X_2,\cdots,X_n)$ 为 n 维随机变量.

如果随机变量 (X,Y) 的取值只有有限多个或可列无限多个，则称 (X,Y) 为**离散型随机变量**. 设 (X,Y) 所有可能的取值为 $(x_i,y_j)(i,j=1,2,\cdots)$，取这些值的概率为 $p_{ij}(i,j=1,2,\cdots)$，称 $P\{X=x_i,Y=y_j\}=p_{ij}(i,j=1,2,\cdots)$ 为随机变量 (X,Y) 的**联合分布律**(或**分布列或概率分布**). 它具有性质

$$p_{ij}\geqslant0,\quad \sum_{i=1}^{\infty}\sum_{j=1}^{\infty}p_{ij}=1.$$

分别称

$$P\{X=x_i\}=\sum_{j=1}^{\infty}p_{ij}=p_{i\cdot}\ ,i=1,2,\cdots$$

和

$$P\{Y=y_j\}=\sum_{i=1}^{\infty}p_{ij}=p_{\cdot j}\ ,j=1,2,\cdots$$

为 (X,Y) 关于 X 和 Y 的**边缘分布律**，且 X,Y 相互独立的充要条件是对任意 i,j，有 $p_{ij}=p_{i\cdot}\,p_{\cdot j}(i,j=1,2,\cdots)$.

设随机变量 (X,Y)，$F(x,y)$ 为其联合分布函数，若存在非负函数 $f(x,y)$ 使得对于任意实数 x,y，有

$$F(x,y)=\int_{-\infty}^{x}\int_{-\infty}^{y}f(u,v)\,\mathrm{d}u\mathrm{d}v,$$

则称 (X,Y) 为**连续型随机变量**，$f(x,y)$ 为 (X,Y) 的**联合概率密度函数**. $f(x,y)$ 具有以下性质：

(1) **非负性**：$f(x,y)\geqslant0$；

（2）**规范性**：$\int_{-\infty}^{+\infty}\int_{-\infty}^{+\infty} f(x,y)\,\mathrm{d}x\mathrm{d}y=1$；

（3）若$f(x,y)$在点(x,y)处连续，则有$\dfrac{\partial^2 F(x,y)}{\partial x\partial y}=f(x,y)$；

（4）设 D 是平面内任一区域，则点(x,y)落在 D 内的概率为

$$P\{(X,Y)\in D\}=\iint_D f(x,y)\,\mathrm{d}\sigma.$$

分别称

$$F_X(x)=F(x,+\infty)=\int_{-\infty}^{+\infty}\mathrm{d}y\int_{-\infty}^{x} f(u,y)\,\mathrm{d}u$$

和

$$F_Y(y)=F(+\infty,y)=\int_{-\infty}^{+\infty}\mathrm{d}x\int_{-\infty}^{y} f(x,v)\,\mathrm{d}v$$

为(X,Y)关于 X 和 Y 的**边缘分布函数**. 类似地，分别称

$$f_X(x)=\int_{-\infty}^{+\infty} f(x,y)\,\mathrm{d}y$$

和

$$f_Y(y)=\int_{-\infty}^{+\infty} f(x,y)\,\mathrm{d}x$$

为(X,Y)关于 X 和 Y 的**边缘密度函数**，且 X,Y 相互独立的充要条件是对任意 x,y，有$f(x,y)=f_X(x)f_Y(y)$.

1.1.3　随机变量的数字特征

随机变量的分布主要描述随机变量的统计规律. 但是在实际问题中，整体的统计规律并不知道，所以只能退而求其次，关注随机变量的某些特征. 例如，检查某批产品的质量时，通过平均寿命对其进行度量. 该平均值可作为随机变量的数字特征用于度量随机变量，随机变量的数字特征是指描述随机变量的某些特征的量. 下面将介绍随机变量的数学期望、方差、协方差、相关系数和矩等常用数字特征.

1. 数学期望

设离散型随机变量 X 的分布律为 $P\{X=x_k\}=p_k$，$k=1,2,\cdots$，若$\sum_{k=1}^{\infty}|x_k|p_k$ 收敛，则称 $\sum_{k=1}^{\infty}x_kp_k$ 为随机变量 X 的**数学期望**或**均值**，记为 $E(X)$（或 EX），即有

$$E(X)=\sum_{k=1}^{\infty}x_kp_k,$$

如果级数$\sum_{k=1}^{\infty}|x_k|p_k$ 发散，则称 $E(X)$不存在.

设连续型随机变量 X 的概率密度函数为 $f(x)$，若积分 $\int_{-\infty}^{+\infty}|x|f(x)\mathrm{d}x$ 收敛，则称 $\int_{-\infty}^{+\infty}xf(x)\mathrm{d}x$ 为随机变量 X 的**数学期望**或**均值**，记为 $E(X)$(或 EX)，即有

$$E(X)=\int_{-\infty}^{+\infty}xf(x)\mathrm{d}x,$$

如果积分 $\int_{-\infty}^{+\infty}|x|f(x)\mathrm{d}x$ 发散，则称 $E(X)$ 不存在.

设随机变量 X 的函数 $Y=g(X)$，其中 $g(x)$ 为连续函数，则

(1) 若 X 为离散型随机变量，其分布律为 $P\{X=x_k\}=p_k, k=1,2,\cdots$，且 $\sum_{k=1}^{\infty}|g(x_k)|p_k$ 收敛，则随机变量 X 的函数 $Y=g(X)$ 的数学期望为

$$E(Y)=E[g(X)]=\sum_{k=1}^{\infty}g(x_k)p_k;$$

(2) 若 X 为连续型随机变量，其概率密度为 $f(x)$，且 $\int_{-\infty}^{+\infty}|g(x)|f(x)\mathrm{d}x$ 收敛，则随机变量 X 的函数 $Y=g(X)$ 的数学期望为

$$E(Y)=E[g(X)]=\int_{-\infty}^{+\infty}g(x)f(x)\mathrm{d}x.$$

同样可以将一维随机变量及其函数的数学期望推广到 $n(n\geqslant 2)$ 维随机变量及其函数的情形.

2. 方差

数学期望反映了随机变量的集中程度，但在很多实际问题中，除了要了解随机变量的集中程度外，还需要了解随机变量 X 与其数学期望 $E(X)$ 之间的波动程度. 例如，要考察某班级的考试成绩，除了要知道平均成绩外，还需要进一步了解每位同学的考试成绩 X 与平均成绩 $E(X)$ 的波动程度，若波动程度小，表示成绩比较稳定. 由此可见，研究随机变量 X 与其数学期望的偏离程度十分重要. 那么如何去度量这个偏离程度呢? 不难发现，必须消除正负差异以后来衡量其平均波动程度，即 $E[|X-E(X)|]$ 或 $E\{[X-E(X)]^2\}$. 但绝对值不便于数学运算，为此，引入随机变量的另一个重要的数字特征——方差.

设 X 为随机变量，如果 $E\{[X-E(X)]^2\}$ 存在，则称 $E\{[X-E(X)]^2\}$ 的值为随机变量 X 的方差，记为 $D(X)$ 或 $\mathrm{Var}(X)$，即

$$D(X)=E\{[X-E(X)]^2\}.$$

方差 $D(X)$ 反映了随机变量 X 的取值与期望 $E(X)$ 的离散程度，方

差越大，则 X 的取值越分散，其波动程度越大，稳定性越差；方差越小，则 X 的取值越集中，其波动程度越小，稳定性越好.

现将几种常见分布的数学期望和方差总结于表 1.1.2.

表 1.1.2　几种常见分布的数学期望和方差

分布名称	分布律或密度函数	数学期望	方差
0-1 分布 $B(1,p)$	$P\{X=k\}=p^k(1-p)^{1-k}$，$k=0,1$	p	$p(1-p)$
二项分布 $B(n,p)$	$P\{X=k\}=C_n^k p^k(1-p)^{n-k}$，$k=0,1,2,\cdots,n$，$0<p<1$	np	$np(1-p)$
泊松分布 $P(\lambda)$	$P\{X=k\}=\dfrac{\lambda^k}{k!}e^{-\lambda}$，$k=0,1,2,\cdots,\lambda>0$	λ	λ
均匀分布 $U[a,b]$	$f(x)=\begin{cases}\dfrac{1}{b-a}, & a<x<b,\\ 0, & 其他\end{cases}$	$\dfrac{a+b}{2}$	$\dfrac{(b-a)^2}{12}$
指数分布 $\text{Exp}(\lambda)$	$f(x)=\begin{cases}\lambda e^{-\lambda x}, & x>0,\\ 0, & x\leqslant 0,\end{cases}$ $\lambda>0$	$\dfrac{1}{\lambda}$	$\dfrac{1}{\lambda^2}$
正态分布 $N(\mu,\sigma^2)$	$f(x)=\dfrac{1}{\sqrt{2\pi}\sigma}e^{-\frac{(x-\mu)^2}{2\sigma^2}},-\infty<x<+\infty$，$-\infty<\mu<+\infty,\sigma>0$	μ	σ^2

3. 协方差

对于二维随机变量(X,Y)来说，除了讨论 X 与 Y 的数学期望和方差外，还要讨论 X 与 Y 之间的相互关系. 易知，若随机变量 X 与 Y 相互独立，则

$$E\{[X-E(X)][Y-E(Y)]\}=E(XY)-E(X)E(Y)=0.$$

反之，当 $E\{[X-E(X)][Y-E(Y)]\}=E(XY)-E(X)E(Y)\neq 0$ 时，随机变量 X 与 Y 不独立，故可选用 $E\{[X-E(X)][Y-E(Y)]\}$ 来反映随机变量 X 与 Y 之间的关系.

设(X,Y)为二维随机变量，如果 $E\{[X-E(X)][Y-E(Y)]\}$ 存在，则称其为随机变量 X 与 Y 的**协方差**，记为

$$\text{Cov}(X,Y)=E\{[X-E(X)][Y-E(Y)]\}=E(XY)-E(X)E(Y).$$

对于方差不为零的两个随机变量 X，Y 满足 $\text{Cov}(X,Y)=0$，则称随机变量 X 和 Y **不相关**. 若随机变量 X 和 Y 相互独立，则 X 和 Y 不相关. 反之不一定不成立.

4. 相关系数

设(X,Y)为二维随机变量，协方差 $\text{Cov}(X,Y)$ 存在且 $D(X)>0$，$D(Y)>0$，则称

$$\rho_{XY}=\frac{\text{Cov}(X,Y)}{\sqrt{D(X)}\sqrt{D(Y)}}$$

为 X 与 Y 的**相关系数**.

相关系数 ρ_{XY} 表示两个随机变量 X 与 Y 的线性相关程度，越接近于1，表示随机变量 X 与 Y 正的相关程度越强烈；越接近于-1，表示随机变量 X 与 Y 负的相关程度越强烈；越接近于0，表示随机变量 X 与 Y 的相关程度越弱. 特别地，

(1) 若 $\rho_{XY}=0$，表示随机变量 X 与 Y 无线性相关关系.

(2) 若 $\rho_{XY}=1$，则称 X 与 Y 完全正相关；若 $\rho_{XY}=-1$，则称 X 与 Y 完全负相关.

(3) 随机变量 X 与 Y 相互独立，则一定不相关；X 与 Y 不相关但是不一定独立. 但若 (X,Y) 服从二维正态分布，则 X 与 Y 不相关等价于 X 与 Y 相互独立.

(4) 随机变量 X 与 Y 不相关与以下各式是等价的：

1) $\rho_{XY}=0$；

2) $\mathrm{Cov}(X,Y)=0$；

3) $E(XY)=E(X)E(Y)$；

4) $D(X+Y)=D(X)+D(Y)$.

上述协方差、相关系数是对两个随机变量而言的，对于 $n(n\geqslant 2)$ 个随机变量的情况，可以通过定义协方差矩阵来讨论.

设 $(X_1,X_2,\cdots,X_n)$ 为 n 维随机变量，记 $C_{ij}=\mathrm{Cov}(X_i,X_j)$ 为 X_i 与 X_j 的协方差，$\rho_{ij}=\dfrac{\mathrm{Cov}(X_i,X_j)}{\sqrt{D(X_i)}\sqrt{D(Y_j)}}$ 为 X_i 与 X_j 的相关系数，令

$$\boldsymbol{C}=\begin{pmatrix} C_{11} & C_{12} & \cdots & C_{1n} \\ C_{21} & C_{22} & \cdots & C_{2n} \\ \vdots & \vdots & & \vdots \\ C_{n1} & C_{n2} & \cdots & C_{nn} \end{pmatrix},\ \boldsymbol{R}=\begin{pmatrix} \rho_{11} & \rho_{12} & \cdots & \rho_{1n} \\ \rho_{21} & \rho_{22} & \cdots & \rho_{2n} \\ \vdots & \vdots & & \vdots \\ \rho_{n1} & \rho_{n2} & \cdots & \rho_{nn} \end{pmatrix},$$

称 $\boldsymbol{C}$ 为 $(X_1,X_2,\cdots,X_n)$ 的协方差矩阵，$\boldsymbol{R}$ 为 $(X_1,X_2,\cdots,X_n)$ 的**相关系数矩阵**. 特别地，$C_{ii}=\mathrm{Cov}(X_i,X_i)=D(X_i)$，$\rho_{ii}=1$，$i=1,2,\cdots,n$. 由此，二维正态分布对应的协方差矩阵为 $\boldsymbol{C}=\begin{pmatrix} \sigma_1^2 & \rho\sigma_1\sigma_2 \\ \rho\sigma_1\sigma_2 & \sigma_2^2 \end{pmatrix}$.

5. 矩

数学期望、方差、协方差都是随机变量的数字特征，它们都是某种矩. 矩是最广泛的一种数字特征，在概率论与数理统计中占有重要地位. 设 X 与 Y 为随机变量，则有如下关于矩的定义.

(1) 若 $E[(X-A)^k]$，$k=1,2,\cdots$ 存在，A 为任意常数，则称其为随机变量 X 的 k **阶矩**.

1) 当 $A=0$，若 $E(X^k)$，$k=1,2,\cdots$ 存在，则称其为随机变量 X

的 k **阶原点矩**.

2) 当 $A=E(X)$，若 $E[X-E(X)]^k$，$k=1,2,\cdots$存在，则称其为随机变量 X 的 k **阶中心矩**.

(2) 若 $E(X^kY^l)$，$k,l=1,2,\cdots$存在，则称其为随机变量 X 和 Y 的 $k+l$ **阶混合原点矩**.

(3) 若 $E[(X-E(X))^k(Y-E(Y))^l]$，$k,l=1,2,\cdots$存在，则称其为 X 和 Y 的 $k+l$ **阶混合中心矩**.

易知，数学期望 $E(X)$ 就是一阶原点矩，方差 $D(X)$ 就是二阶中心矩，协方差 $\mathrm{Cov}(X,Y)$ 就是二阶混合中心矩.

1.1.4 大数定律与中心极限定理

1. 大数定律

前面我们提到过事件发生的频率具有稳定性，即随着试验次数的增加，事件发生的频率逐渐稳定于某个常数. 如何从数学上描述呢，这就是伯努利大数定律.

首先来看**切比雪夫大数定律**：设 $X_1,X_2,\cdots,X_n,\cdots$ 是相互独立的随机变量序列，期望 $E(X_i)$ 和方差 $D(X_i)$ 都存在，其中 $i=1,2,\cdots$，并且方差一致有界，即存在常数 $C(C>0)$，使

$$D(X_i)\leqslant C \quad (i=1,2,\cdots),$$

则对任意的 $\varepsilon>0$，有

$$\lim_{n\to\infty}P\left\{\left|\frac{1}{n}\sum_{i=1}^{n}X_i-\frac{1}{n}\sum_{i=1}^{n}E(X_i)\right|<\varepsilon\right\}=1.$$

将切比雪夫大数定律应用于伯努利试验场合，有如下**伯努利大数定律**：如果用 n_A 表示 n 次独立重复试验中事件 A 发生的次数，$p(0<p<1)$ 是事件 A 在每次试验中发生的概率，则对任意 $\varepsilon>0$，有

$$\lim_{n\to\infty}P\left\{\left|\frac{n_A}{n}-p\right|<\varepsilon\right\}=1,$$

说明频率是以概率 1 收敛于概率的，即频率是概率的反映.

在实践中人们还认识到大量测量值的算术平均值也具有稳定性，可用**辛钦大数定律**来描述：设 $X_1,X_2,\cdots,X_n,\cdots$ 是一列相互独立同分布的随机变量序列，具有数学期望 $E(X_i)=\mu$，则对于任意的 $\varepsilon>0$ 有

$$\lim_{n\to\infty}P\left\{\left|\frac{1}{n}\sum_{i=1}^{n}X_i-\mu\right|<\varepsilon\right\}=1.$$

辛钦大数定律表明，独立同分布随机变量的平均值依概率收敛于其共同的数学期望，由此可以得到求数学期望近似值的方法.

设想对随机变量 X 进行 n 次独立观察，则观察值 $X_1,X_2,\cdots,X_n$ 相互独立，且与 X 同分布. 当 n 充分大时，可以将平均观察值

$$\overline{X}_n=\frac{1}{n}\sum_{i=1}^{n}X_i$$

作为数学期望 $E(X)$ 的近似值.

2. 中心极限定理

正态分布是概率论中最重要的分布之一，因为它是自然界中最常见的，而且在实际问题中经常遇到的许多随机变量都服从或近似服从正态分布. 中心极限定理是研究"大量独立随机变量和的极限分布是正态分布"的一系列定理的总称，并且是数理统计中关于大样本统计推断的理论依据.

设 $X_1,X_2,\cdots,X_n,\cdots$ 是相互独立同分布的随机变量序列，$E(X_i)=\mu$，$D(X_i)=\sigma^2(i=1,2,\cdots)$，则对于一切实数 x，有

$$\lim_{n\to\infty}P\left\{\frac{\sum_{i=1}^{n}X_i-n\mu}{\sqrt{n}\sigma}\leqslant x\right\}=\frac{1}{\sqrt{2\pi}}\int_{-\infty}^{x}\mathrm{e}^{-\frac{t^2}{2}}\mathrm{d}t=\Phi(x).$$

在实际问题中，只要 n 充分大，便可把标准化之后的独立同分布随机变量之和近似看作标准正态变量，从而利用标准正态随机变量的分布函数计算这个随机变量落入某一区间的概率. n 个独立同分布随机变量的和近似服从正态分布，即

$$\sum_{i=1}^{n}X_i\sim N(n\mu,n\sigma^2).$$

1.2 总体与样本

1.2.1 总体与个体

例 1.2.1 研究一批灯泡的寿命分布，需明确该批灯泡中每个灯泡的寿命长短.

例 1.2.2 研究某一湖泊的深度，需测量湖面上每处到湖底的深度.

统计问题总有明确的研究对象，研究对象的全体称为**总体**，构成总体的每个元素称为**个体**，如例 1.2.1 中所有灯泡的寿命就是一个总体，每个灯泡的寿命都是个体；例 1.2.2 中湖面上所有测量点测得的深度为一个总体，湖面上每个测量点测得的深度是个体. 总体中所包含的个体数量称为总体容量，若总体中个体数

量有限，则称该总体为**有限总体**，如例 1.2.1；否则称为**无限总体**，如例 1.2.2.

一般而言，不论我们讨论总体或是个体，都是指研究对象的某一数量指标，可以用随机变量表示，一个总体对应一个随机变量 X，对总体的研究就是对一个随机变量 X 进行研究，今后将不区分总体与相对应的随机变量，统称为总体 X.

1.2.2 样本与样本值

在实际中，总体的性质一般是未知的，而总体的特征由其所包含的所有个体的特征综合决定. 通常情况下，由于实验的破坏性或总体容量的无限性等原因，不会通过观察总体中每个个体的特征来获取总体的性质，如例 1.2.1 中，一旦测得某灯泡的寿命，该灯泡就会报废；例 1.2.2 中，湖面上有无限个点可以选作测量湖泊深度的点. 因此，在数理统计中，常用的认知总体的方法是，从总体中抽取部分个体进行研究，该过程称为**抽样**. 根据获得的数据对总体的特征做出推断，被抽出来的部分个体称为**样本**，样本中所包含的个体数目称为**样本容量**.

从总体 X 中随机地抽取一个个体，抽样结果是不确定的，所以抽取的第 i 个个体是一个随机变量，记为 $X_i(i=1,2,\cdots)$，由 n 个个体可组成容量为 n 的样本，记作 $(X_1,X_2,\cdots,X_n)$，因此，样本 $(X_1,X_2,\cdots,X_n)$ 是一个 n 维随机变量. 每次抽样之后，会得到一组确定的数值，记作 $(x_1,x_2,\cdots,x_n)$，该组数值称为样本 $(X_1,X_2,\cdots,X_n)$ 的一组观测值，简称**样本值**. 由于抽样的随机性，两次抽样中所得到的样本值不一定相同.

抽样的方法有很多种，为了使抽取的样本对总体做出尽可能精确的推断，就要求样本应满足以下两个条件：

（1）**代表性**：样本中每一个分量 $X_i(i=1,2,\cdots,n)$ 都是随机地抽得，与总体 X 有相同的分布；

（2）**独立性**：n 个分量 $X_1,X_2,\cdots,X_n$ 是相互独立的，

称这种抽取样本的方法为**简单随机抽样**，由此得到的样本称为**简单随机样本**，简称**样本**，本书所提样本均为简单随机样本.

若总体 X 具有分布函数 $F(x)$，则样本 $(X_1,X_2,\cdots,X_n)$ 的联合分布函数为

$$F(x_1,x_2,\cdots,x_n)=\prod_{i=1}^{n}F(x_i).$$

如果总体 X 为离散型随机变量，其概率分布为 $P\{X=x_i\}=p_i(i=1,2,\cdots,n)$，则样本 $(X_1,X_2,\cdots,X_n)$ 的联合分布为

$$p(x_1,x_2,\cdots,x_n)=P\{X_1=x_1,X_2=x_2,\cdots,X_n=x_n\}=\prod_{i=1}^{n}p_i.$$

如果总体 X 为连续型随机变量，其概率密度函数为 $f(x)$，则样本 $(X_1,X_2,\cdots,X_n)$ 的联合密度函数为

$$f(x_1,x_2,\cdots,x_n)=\prod_{i=1}^{n}f(x_i).$$

例 1.2.3 设总体 $X\sim 0-1$ 分布，$(X_1,X_2,\cdots,X_n)$ 为 X 的样本，求样本的分布.

解 因为 $P\{X=0\}=1-p$，$P\{X=1\}=p$，$0<p<1$，则

$$p(x)=P\{X=x\}=p^x(1-p)^{1-x},\quad x=0,1,$$

则样本的联合分布为

$$p(x_1,x_2,\cdots,x_n)=\prod_{i=1}^{n}p(x_i)=\prod_{i=1}^{n}p^{x_i}(1-p)^{1-x_i},\quad x_i=0,1.$$

例 1.2.4 设总体 $X\sim N(\mu,\sigma^2)$，$(X_1,X_2,\cdots,X_n)$ 为 X 的样本，求样本的分布.

解 因为 $X\sim N(\mu,\sigma^2)$，所以，

$$f(x)=\frac{1}{\sqrt{2\pi}\sigma}e^{-\frac{(x-\mu)^2}{2\sigma^2}},\quad -\infty<x<+\infty,$$

则样本的联合密度函数为

$$f(x_1,x_2,\cdots,x_n)=\prod_{i=1}^{n}f(x_i)=\prod_{i=1}^{n}\frac{1}{\sqrt{2\pi}\sigma}e^{-\frac{(x_i-\mu)^2}{2\sigma^2}}=\frac{1}{(\sqrt{2\pi}\sigma)^n}e^{-\frac{1}{2\sigma^2}\sum_{i=1}^{n}(x_i-\mu)^2}.$$

1.3 直方图与经验分布函数

1.3.1 直方图

为研究总体分布的性质，人们往往通过试验或抽样的方式得到许多观测值，通常情况下这些数据是杂乱无章的. 因此，需要对这些数据进行加工整理，而直方图就是一种常用的对统计数据加工整理的方式，它能够在一定程度上反映总体的概率分布情况. 下面通过例子来介绍直方图的做法.

例 1.3.1 由于随机因素的影响，某铅球运动员的铅球出手高度可看成一个随机变量，现有一组出手高度(单位：cm)的统计数据如下：

200	195	210	211	201	192	177	189	210	189
205	185	197	183	177	202	204	188	206	197
202	200	201	191	195	183	198	189	203	194

现在来画这组数据的频率直方图.

解　第一步，在以上数据中找到最小值和最大值；

$$x_{\min}=177,\ x_{\max}=211.$$

第二步，确定最小下限和最大上限；

此例数据为整数，说明测量工具精度只能精确到厘米，因而若测得铅球某次出手高度为 200cm，实际代表[199.5,200.5)内的一切数值，显然，该例中最小下限应为 176.5，最大上限应为 211.5.

第三步，确定分组数及组距.

分组数不宜过多，也不宜过少，通常当样本容量 n 较大时，可确定为 10~20 组，当 $n\leqslant 50$ 时，可分为 5~6 组. 本例共测量 30 次，即 $n=30$，分为 5 组，通常采用等距分组，每组区间长度称为组距，用 Δ 表示，其计算方式如下：

$$\Delta=\frac{\text{最大上限}-\text{最小下限}}{\text{分组数}}=\frac{211.5-176.5}{5}=7.$$

第四步，确定组限、组频数、组频率，作频率分布表.

组限为分组区间的端点，根据各区间内所包含的样本数量即组频数 $f_i(i=1,2,3,4,5)$，计算组频率 f_i/n，列表 1.3.1 进行讨论。

表 1.3.1　某铅球运动员的铅球出手高度频率分布表

分组	1	2	3	4	5
组限	[176.5,183.5)	[183.5,190.5)	[190.5,197.5)	[197.5,204.5)	[204.5,211.5)
组频数 f_i	4	5	7	9	5
组频率 f_i/n	0.1333	0.1667	0.2333	0.3000	0.1667

第五步，画频率直方图.

在某一区间上的频率可用该区间上的小方条面积表示，所有这些小矩形就形成频率直方图，若用 y_i 表示每个小矩形的纵坐标，则

$$y_i=\frac{f_i/n}{\Delta}.$$

上式称为**频率密度值**. 此时，以铅球出手高度 x 为横轴，频率密度值为纵轴，作小矩形就得到铅球出手高度 x 的频率直方图(见图 1.3.1). 每个小矩形的面积就是相对应区间上的频率，因此所有小矩形面积之和等于 1. 连接小矩形的顶边中点所形成的阶梯曲线称为**频率密度曲线**.

若样本容量不断增加，分组数越来越多，组距越来越小，频率密度曲线将无限接近于总体的真实分布密度曲线，即概率密度曲线.

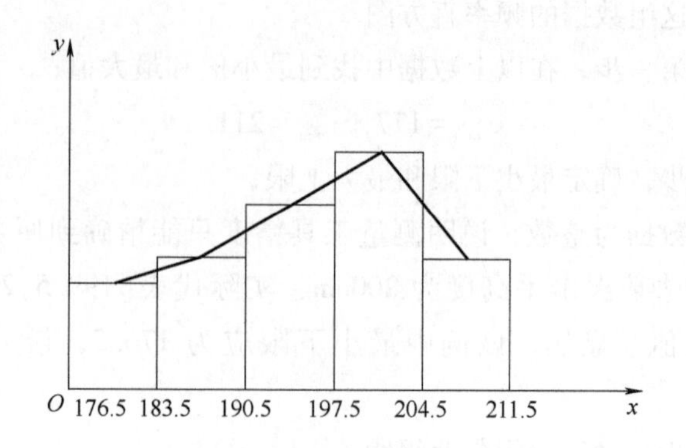

图 1.3.1 某铅球运动员的铅球出手高度频率直方图

1.3.2 经验分布函数

定义 设$(X_1,X_2,\cdots,X_n)$是总体的一个样本，若用$S(x)(-\infty<x<+\infty)$表示一组样本观测值中不大于x的观测值数量，则称函数

$$F_n(x)=\frac{1}{n}S(x),\ -\infty<x<+\infty$$

为经验分布函数.

若给定总体X的样本观测值，通过经验分布函数可以近似描述总体的分布函数.

例 1.3.2 设(X_1,X_2,X_3,X_4,X_5)是来自总体X的一个样本，现得到其一组观测值为-1，0，1，1，2，试求其经验分布函数.

解 根据定义，其经验分布函数为

$$F_5(x)=\begin{cases}0, & x<-1,\\ \dfrac{1}{5}, & -1\leqslant x<0,\\ \dfrac{2}{5}, & 0\leqslant x<1,\\ \dfrac{4}{5}, & 1\leqslant x<2,\\ 1, & x\geqslant 2.\end{cases}$$

一般地，设$(x_1,x_2,\cdots,x_n)$是总体X的一个容量为n的样本观测值，先将其按从小到大的顺序进行排列，记为

$$x_{(1)}\leqslant x_{(2)}\leqslant\cdots\leqslant x_{(n)},$$

则经验分布函数

$$F_n(x)=\begin{cases}0, & x<x_{(1)},\\ \vdots & \\ \dfrac{k}{n}, & x_{(k)}\leqslant x<x_{(k+1)},\\ \vdots & \\ 1, & x\geqslant x_{(n)}.\end{cases}$$

总体 X 的经验分布函数 $F_n(x)$ 表示事件 $\{X\leqslant x\}$ 出现的频率. 根据伯努利大数定律，当试验次数 n 足够大时(此处即样本容量 n 足够大)，频率收敛于概率，因此总体的分布函数

$$F(x)=P\{X\leqslant x\}\approx F_n(x)\quad (n\to+\infty),$$

从而可以用经验分布函数 $F_n(x)$ 近似描述总体的分布函数 $F(x)$.

1.4 统计量及其分布

我们知道样本是总体的代表和反映，是对总体进行统计分析和推断的依据，但在样本抽取后，样本所含的信息不能直接用于解决要研究的问题，尚需进行“加工”“提炼”，而这个过程就是针对不同的问题，构造不同的函数，为此引进统计量的概念.

1.4.1 统计量

定义 1.4.1 设$(X_1,X_2,\cdots,X_n)$是来自总体 X 的容量为 n 的样本，$f(X_1,X_2,\cdots,X_n)$为 $X_1,X_2,\cdots,X_n$ 的函数，若 $f(X_1,X_2,\cdots,X_n)$中不含未知参数，则称 $f(X_1,X_2,\cdots,X_n)$是一个**统计量**. 若 $x_1,x_2,\cdots,x_n$ 是 $X_1,X_2,\cdots,X_n$ 的一组观测值，则称 $f(x_1,x_2,\cdots,x_n)$是 $f(X_1,X_2,\cdots,X_n)$的**观测值**.

例 1.4.1 设$(X_1,X_2,\cdots,X_n)$是来自正态总体 $N(\mu,\sigma^2)$的样本，参数 μ 已知，σ 未知，则 $\dfrac{1}{n}\sum\limits_{i=1}^{n}X_i$，$\dfrac{1}{n}\sum\limits_{i=1}^{n}(X_i-\mu)^2$，$\max\{X_1,X_2,\cdots,X_n\}$都是统计量，而 $\dfrac{1}{\sigma}\sum\limits_{i=1}^{n}X_i$，$\dfrac{X_i-\mu}{\sigma}$都不是统计量.

1.4.2 常见统计量

设$(X_1,X_2,\cdots,X_n)$是来自总体 X 的样本，$x_1,x_2,\cdots,x_n$ 为其一组观测值，下面给出几个常见的统计量.

1. 样本均值

$$\overline{X}=\frac{1}{n}\sum_{i=1}^{n}X_i.$$

2. 样本方差

$$S^2=\frac{1}{n-1}\sum_{i=1}^{n}(X_i-\overline{X})^2=\frac{1}{n-1}\left(\sum_{i=1}^{n}X_i^2-n\overline{X}^2\right).$$

3. 样本标准差

$$S=\sqrt{S^2}=\sqrt{\frac{1}{n-1}\sum_{i=1}^{n}(X_i-\overline{X})^2}=\sqrt{\frac{1}{n-1}\left(\sum_{i=1}^{n}X_i^2-n\overline{X}^2\right)}.$$

4. 样本 k 阶(原点)矩

$$A_k=\frac{1}{n}\sum_{i=1}^{n}X_i^k,\ k=1,2,\cdots.$$

5. 样本 k 阶中心矩

$$B_k=\frac{1}{n}\sum_{i=1}^{n}(X_i-\overline{X})^k,\ k=1,2,\cdots.$$

6. 样本偏度

$$\hat{\beta}_s=\frac{B_3}{B_2^{3/2}}=\frac{E(X-\overline{X})^3}{\sigma^3}.$$

偏度，也称为**偏态**、**偏态系数**，是一个衡量样本数据关于均值对称性的测度. 正态分布的概率密度函数图像关于均值对称，其偏度为0. 如果样本偏度$\hat{\beta}_s<0$，则说明均值左侧数据比均值右侧数据更离散，直观表现为左侧尾部相对右侧尾部较长，称为**左偏态**；反之，如果$\hat{\beta}_s>0$，则说明均值右侧数据比均值左侧数据更离散，直观表现为右侧尾部相对左侧尾部较长，称为**右偏态**.

7. 样本峰度

$$\hat{\beta}_k=B_4/B_2^2-3.$$

峰度，又称**峰态系数**，是一个衡量概率密度函数曲线在平均值处峰值高低的量，直观来看，峰度反映了概率密度函数图像峰部的陡缓程度. 正态分布的峰度为3. 一般而言，以正态分布作为参照，若峰度$\hat{\beta}_k<3$，说明峰部形状较为平缓，比正态分布更扁平，则称分布具有不足的峰度；若峰度$\hat{\beta}_k>3$，说明峰部形状较为陡峭，比正态分布更尖，称分布具有过度的峰度.

它们的观测值分别为

$$\overline{x}=\frac{1}{n}\sum_{i=1}^{n}x_i,$$

$$s^2=\frac{1}{n-1}\sum_{i=1}^{n}(x_i-\overline{x})^2=\frac{1}{n-1}\left(\sum_{i=1}^{n}x_i^2-n\overline{x}^2\right),$$

$$s=\sqrt{s^2}=\sqrt{\frac{1}{n-1}\sum_{i=1}^{n}(x_i-\bar{x})^2}=\sqrt{\frac{1}{n-1}\left(\sum_{i=1}^{n}x_i^2-n\bar{x}^2\right)},$$

$$a_k=\frac{1}{n}\sum_{i=1}^{n}x_i^k,\ k=1,2,\cdots,$$

$$b_k=\frac{1}{n}\sum_{i=1}^{n}(x_i-\bar{x})^k,\ k=1,2,\cdots,$$

$$\hat{\beta}_s=\frac{b_3}{b_2^{3/2}},$$

$$\hat{\beta}_k=\frac{b_4}{b_2^2}-3.$$

8. 顺序统计量

定义 1.4.2　设$(X_1,X_2,\cdots,X_n)$是来自总体 X 的样本，将其观测值 $x_1,x_2,\cdots,x_n$ 按从小到大的顺序进行排列为 $x_{(1)}\leqslant x_{(2)}\leqslant\cdots\leqslant x_{(n)}$，当$(X_1,X_2,\cdots,X_n)$的取值为$(x_1,x_2,\cdots,x_n)$时，定义一组新的随机变量 $X_{(1)}\leqslant X_{(2)}\leqslant\cdots\leqslant X_{(n)}$，使 $X_{(k)}$ 的取值为 $x_{(k)}$，$k=1,2,\cdots,n$，则称 $X_{(1)}\leqslant X_{(2)}\leqslant\cdots\leqslant X_{(n)}$ 为**顺序统计量**(**或次序统计量**).

定理 1.4.1　设$(X_1,X_2,\cdots,X_n)$是来自总体 X 的样本，如果 $E(X)=\mu$，$D(X)=\sigma^2$，则

(1) $E(\bar{X})=E(X)=\mu$，$D(\bar{X})=\dfrac{D(X)}{n}=\dfrac{\sigma^2}{n}$;

(2) $E(S^2)=D(X)=\sigma^2$.

证明　(1) 由于 $X_1,X_2,\cdots,X_n$ 是相互独立且与总体 X 同分布的随机变量，因此

$$E(\bar{X})=E\left(\frac{1}{n}\sum_{i=1}^{n}X_i\right)=\frac{1}{n}\sum_{i=1}^{n}E(X_i)=\mu,$$

$$D(\bar{X})=D\left(\frac{1}{n}\sum_{i=1}^{n}X_i\right)=\frac{1}{n^2}\sum_{i=1}^{n}D(X_i)=\frac{\sigma^2}{n}.$$

(2)
$$\begin{aligned}E(S^2)&=E\left[\frac{1}{n-1}\sum_{i=1}^{n}(X_i-\bar{X})^2\right]=\frac{1}{n-1}E\left(\sum_{i=1}^{n}X_i^2-n\bar{X}^2\right)\\&=\frac{1}{n-1}\left[\sum_{i=1}^{n}E(X_i^2)-nE(\bar{X}^2)\right]\\&=\frac{1}{n-1}\left[\sum_{i=1}^{n}(\mu^2+\sigma^2)-n\left(\mu^2+\frac{\sigma^2}{n}\right)\right]\\&=\sigma^2.\end{aligned}$$

1.4.3 统计量的分布

在使用统计量进行统计推断时，往往需要知晓其分布，通过前面的介绍，我们知道统计量是由样本构成的函数，因此，将统计量的分布称为**抽样分布**. 下面我们介绍几种常用抽样分布.

1. 正态总体样本的线性函数的分布

定理 1.4.2　设$(X_1,X_2,\cdots,X_n)$是来自总体$X\sim N(\mu,\sigma^2)$的一个样本，$c_1,c_2,\cdots,c_n$是已知常数，则

$$U=\sum_{i=1}^{n}c_iX_i\sim N\left(\mu\sum_{i=1}^{n}c_i,\sigma^2\sum_{i=1}^{n}c_i^2\right).$$

标准正态分布的分位数

设$U\sim N(0,1)$，对于给定的$\alpha(0<\alpha<1)$，称满足

$$P\{U>u_\alpha\}=\alpha$$

的点u_α为**标准正态分布的上α分位数**，如图 1.4.1 所示. u_α的值与α有关，可通过查标准正态分布表得到，如当$\alpha=0.05$时，$P\{U>u_{0.05}\}=0.05$，即$1-P\{U>u_{0.05}\}=0.95$，查表得$u_{0.05}=1.645$.

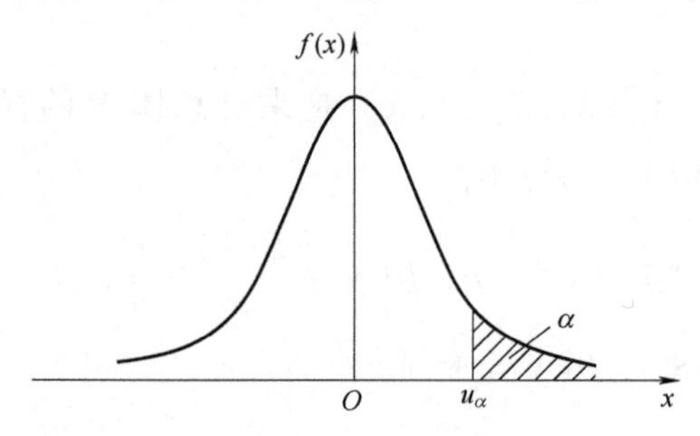

图 1.4.1　标准正态分布的上 α 分位数

2. χ^2 分布

定义 1.4.3　设$(X_1,X_2,\cdots,X_n)$是来自总体$N(0,1)$的样本，令

$$\chi^2=X_1^2+X_2^2+\cdots+X_n^2,$$

则统计量χ^2服从自由度为n的**χ^2分布**，记为$\chi^2\sim\chi^2(n)$. 此处，自由度表示χ^2统计量中独立随机变量的个数.

χ^2分布的概率密度函数为

$$f(x)=\begin{cases}\dfrac{1}{2^{\frac{n}{2}}\Gamma(n/2)}x^{\frac{n}{2}-1}\mathrm{e}^{-\frac{x}{2}}, & x>0,\\ 0, & x\leqslant 0,\end{cases}$$

其中，$\Gamma(\alpha)=\int_0^{+\infty}x^{\alpha-1}\mathrm{e}^{-x}\mathrm{d}x(\alpha>0)$.

自由度不同，χ^2 分布的概率密度函数图形状不同，当自由度 n 分别取 1，5，10，20 时，$f(x)$ 的图形如图 1.4.2 所示.

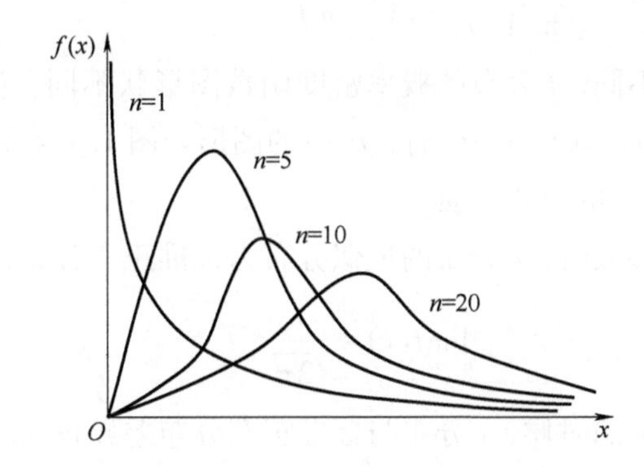

图 1.4.2　不同自由度下 χ^2 分布的概率密度函数图

（1）χ^2 分布的重要性质

1）若 $\chi^2 \sim \chi^2(n)$，则 $E(\chi^2)=n$，$D(\chi^2)=2n$；

2）χ^2 分布的可加性：若 χ_1^2，χ_2^2，…，χ_m^2 相互独立，且 $\chi_1^2 \sim \chi^2(n_1)$，$\chi_2^2 \sim \chi^2(n_2)$，…，$\chi_m^2 \sim \chi^2(n_m)$，则

$$\chi_1^2+\chi_2^2+\cdots+\chi_m^2 \sim \chi^2(n_1+n_2+\cdots+n_m).$$

（2）χ^2 分布的分位数

设 $\chi^2 \sim \chi^2(n)$，对于给定的 $\alpha(0<\alpha<1)$，称满足

$$P\{\chi^2>\chi_\alpha^2(n)\}=\alpha$$

的点 $\chi_\alpha^2(n)$ 为 χ^2 **分布的上 α 分位数**，如图 1.4.3 所示. $\chi_\alpha^2(n)$ 的值与 α 和 n 有关，可通过查 χ^2 分布表得到，如当 $\alpha=0.05$，$n=10$ 时，$\chi_{0.05}^2(10)=18.307$. 但表中只列举到 $n=45$ 的情形.

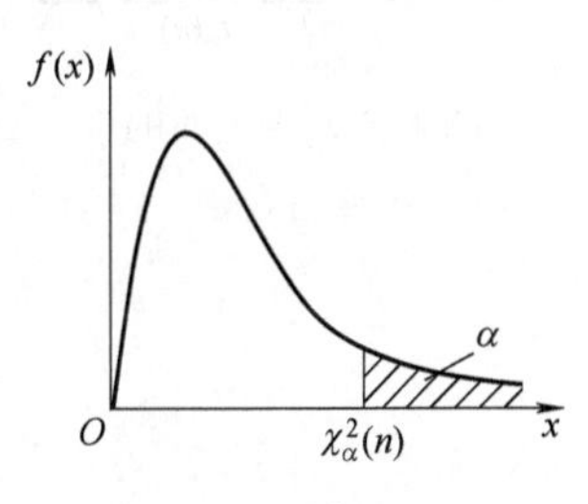

图 1.4.3　χ^2 分布的上 α 分位数

费希尔（Fisher）曾证明，当 n 充分大时，χ^2 分布的近似分布为 $N(n,2n)$，该特征在图 1.4.2 中也有所体现，自由度 n 越大，χ^2 分布的概率密度函数图像越接近正态分布. 因此，当 $n>45$ 时，$\chi_\alpha^2(n)$ 可由下式计算：

$$\chi_\alpha^2(n) \approx \frac{1}{2}(u_\alpha+\sqrt{2n-1})^2,$$

其中，u_α 是标准正态分布的上 α 分位数.

3. t 分布

定义 1.4.4　设 $X \sim N(0,1)$，$Y \sim \chi^2(n)$，且 X 与 Y 相互独立，令

$$T=\frac{X}{\sqrt{Y/n}},$$

则 T 服从自由度为 n 的 t **分布**，记为 $T \sim t(n)$，t 分布又称学生（Student）t 分布.

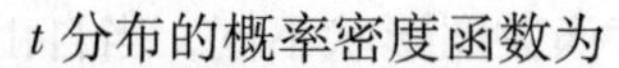

t 分布的概率密度函数为

$$f(t)=\frac{\Gamma[(n+1)/2]}{\sqrt{\pi n}\,\Gamma(n/2)}\left(1+\frac{t^2}{n}\right)^{-(n+1)/2},\quad -\infty<t<+\infty .$$

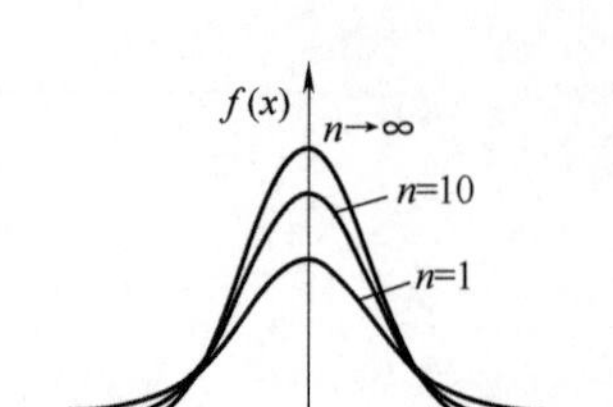

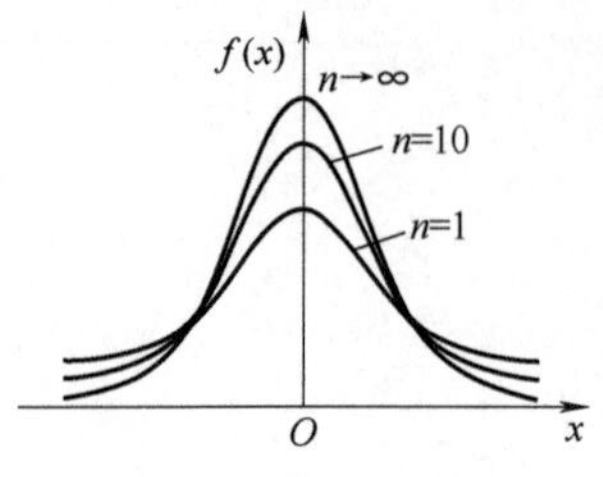

图 1.4.4　不同自由度下 t 分布的概率密度函数图

自由度不同，t 分布的概率密度函数图形状不同，当自由度 n 分别取 1，10，以及 $n\to\infty$ 时，$f(x)$ 的图形如图 1.4.4 所示.

(1) t 分布的重要性质

当 n 足够大时，t 分布的近似分布为标准正态分布，即

$$\lim_{n\to\infty} f(t)=\frac{1}{\sqrt{2\pi}}\mathrm{e}^{-\frac{t^2}{2}},$$

但当 n 比较小的时候，t 分布与标准正态分布差异较大.

(2) t 分布的分位数

设 $T\sim t(n)$，对于给定的 $\alpha(0<\alpha<1)$，称满足

$$P\{T>t_\alpha(n)\}=\alpha$$

的点 $t_\alpha(n)$ 为 t 分布的上 α 分位数，如图 1.4.5 所示.

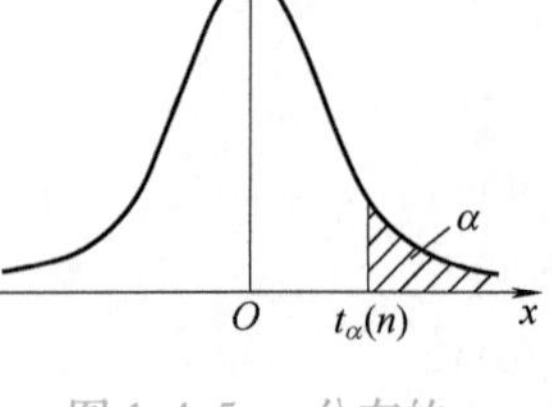

图 1.4.5　t 分布的上 α 分位数

根据 t 分布上 α 分位数的定义及其概率密度函数图像的对称性，可知

$$t_{1-\alpha}(n)=-t_\alpha(n).$$

$t_\alpha(n)$ 的值与 α 和 n 有关，可通过查 t 分布表得到，例如当 $\alpha=0.025$，$n=5$ 时，$t_{0.025}(5)=2.5706$. 表中只列举到 $n=45$ 的情形，这是由于当 $n\to\infty$ 时，t 分布的概率密度函数逼近标准正态分布(见图 1.4.4)，因此在 $n>45$ 时，可用标准正态分布近似 t 分布，即

$$t_\alpha(n)\approx u_\alpha,$$

其中，u_α 是标准正态分布的上 α 分位数.

4. F 分布

定义 1.4.5　设 $X\sim\chi^2(m)$，$Y\sim\chi^2(n)$，且 X 与 Y 相互独立，令

$$F=\frac{X/m}{Y/n},$$

则 F 服从第一自由度为 m，第二自由度为 n 的 **F 分布**，记为 $F\sim F(m,n)$.

例 1.4.2　已知 $T\sim t(n)$，证明 $T^2\sim F(1,n)$.

证明　若 $T\sim t(n)$，根据 t 分布的定义，有

$$T=\frac{X}{\sqrt{Y/n}},$$

其中，$X\sim N(0,1)$，$Y\sim\chi^2(n)$，且 X 与 Y 相互独立，则

$$T^2=\frac{X^2}{Y/n},$$

根据χ^2 分布的定义可知，$X^2 \sim \chi^2(1)$，且 X^2 与 Y 相互独立，根据 F 分布的定义，有

$$T^2 \sim F(1,n).$$

F 分布的概率密度函数为

$$f(x)=\begin{cases}\dfrac{\Gamma[(m+n)/2]}{\Gamma(m/2)\Gamma(n/2)}\left(\dfrac{m}{n}\right)^{\frac{m}{2}}x^{\frac{m}{2}-1}\left(1+\dfrac{m}{n}x\right)^{-\frac{m+n}{2}}, & x>0,\\ 0, & x\leqslant 0.\end{cases}$$

自由度不同，F 分布的概率密度函数形状不同，固定第一自由度 $m=10$，当第二自由度 n 分别取 5，15，25 时，$f(x)$ 的图形如图 1.4.6 所示.

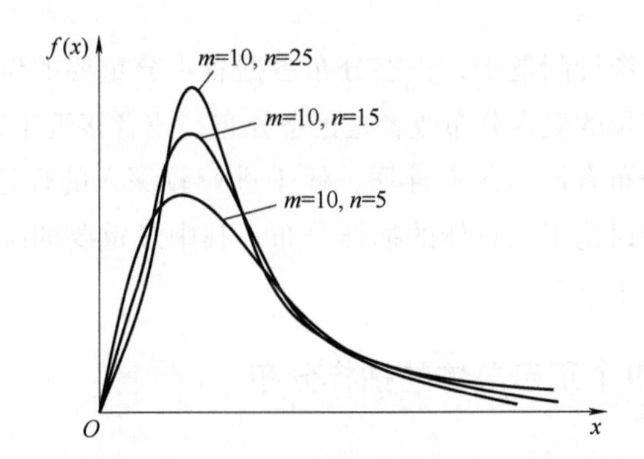

图 1.4.6　不同自由度下 F 分布的概率密度函数图

（1）F 分布的重要性质

若 $F \sim F(m,n)$，则$\dfrac{1}{F} \sim F(n,m)$.

（2）F 分布的分位数

设 $F \sim F(m,n)$，对于给定的 $\alpha(0<\alpha<1)$，称满足

$$P\{F>F_\alpha(m,n)\}=\alpha$$

的点 $F_\alpha(m,n)$ 为 F **分布的上 α 分位数**，如图 1.4.7 所示.

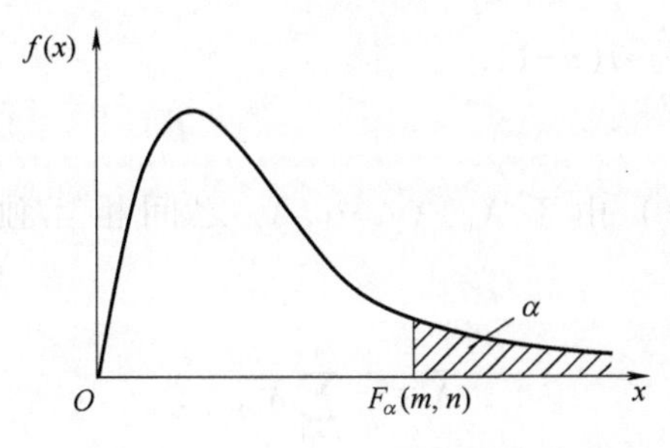

图 1.4.7　F 分布的上 α 分位数

根据 F 分布上 α 分位数的定义及 F 分布的性质，可知

$$F_{1-\alpha}(m,n)=\frac{1}{F_{\alpha}(n,m)}.$$

$F_{\alpha}(m,n)$的值与 α，m 以及 n 有关，可通过查 F 分布表得到，例如当 $\alpha=0.01$，$m=5$，$n=6$ 时，$F_{0.01}(5,6)=8.75$. 表中只列举了 $\alpha=0.10$，0.05，0.025，0.01，0.005 的情形，对于 $\alpha=0.90$，0.95，0.975，0.99，0.995 的情形，可利用 F 分布上 α 分位数的性质得出，如

$$F_{0.95}(4,5)=\frac{1}{F_{0.05}(5,4)}=\frac{1}{6.26}=0.1597.$$

1.5 正态总体的抽样分布

在概率统计问题中，正态分布占据着十分重要的位置，在应用中，许多量的概率分布或者是正态分布，或者接近于正态分布，并且正态分布有许多优良性质，便于进行较深入的理论研究. 因此本节着重讨论正态总体的抽样分布，其中最重要的统计量是样本均值和样本方差.

1.5.1 单个正态总体的抽样分布

定理 1.5.1 设$(X_1,X_2,\cdots,X_n)$是来自正态总体 $N(\mu,\sigma^2)$的样本，$\overline{X}$ 是样本均值，S^2 是样本方差，则有：

(1) $\overline{X}\sim N\left(\mu,\dfrac{\sigma^2}{n}\right)$，即$\dfrac{\overline{X}-\mu}{\sigma/\sqrt{n}}\sim N(0,1)$；

(2) $\dfrac{\sum\limits_{i=1}^{n}(X_i-\mu)^2}{\sigma^2}\sim\chi^2(n)$，$\dfrac{(n-1)S^2}{\sigma^2}=\dfrac{\sum\limits_{i=1}^{n}(X_i-\overline{X})^2}{\sigma^2}\sim\chi^2(n-1)$；

(3) $\overline{X}$ 与 S^2 相互独立；

(4) $\dfrac{\overline{X}-\mu}{S/\sqrt{n}}\sim t(n-1)$.

证明 (1) 由于 $X_1,X_2,\cdots,X_n$ 之间相互独立同分布于 $N(\mu,\sigma^2)$，又

$$\overline{X}=\frac{1}{n}\sum_{i=1}^{n}X_i,$$

则根据正态分布的线性性质，有

$$\overline{X} \sim N\left(\frac{1}{n}\sum_{i=1}^{n}\mu, \frac{1}{n^2}\sum_{i=1}^{n}\sigma^2\right),$$

即

$$\overline{X} \sim N\left(\mu, \frac{\sigma^2}{n}\right).$$

(2) ① 由于 $X_i \sim N(\mu,\sigma^2)$，则 $\frac{X_i-\mu}{\sigma} \sim N(0,1)$.

根据 χ^2 分布的定义可知，

$$\frac{\sum_{i=1}^{n}(X_i-\mu)^2}{\sigma^2} = \sum_{i=1}^{n}\left(\frac{X_i-\mu}{\sigma}\right)^2 \sim \chi^2(n).$$

② 证明过程参见文献[2].

(3) 证明过程参见文献[2].

(4) 由(1)(2)可知，

$$\frac{\overline{X}-\mu}{\sigma/\sqrt{n}} \sim N(0,1), \quad \frac{(n-1)S^2}{\sigma^2} \sim \chi^2(n-1),$$

且两者相互独立，根据 t 分布的定义，有

$$\frac{\dfrac{\overline{X}-\mu}{\sigma/\sqrt{n}}}{\sqrt{\dfrac{(n-1)S^2}{\sigma^2}\Big/(n-1)}} \sim t(n-1),$$

整理得

$$\frac{\overline{X}-\mu}{S/\sqrt{n}} \sim t(n-1).$$

1.5.2 两个正态总体的抽样分布

定理 1.5.2 设 $(X_1,X_2,\cdots,X_{n_1})$ 是来自正态总体 $N(\mu_1,\sigma_1^2)$ 的样本，$(Y_1,Y_2,\cdots,Y_{n_2})$ 是来自正态总体 $N(\mu_2,\sigma_2^2)$ 的样本，且这两个样本相互独立. 两个正态总体的样本均值分别记为 $\overline{X}$ 和 $\overline{Y}$，样本方差分别记为 S_1^2 和 S_2^2，即

$$\overline{X} = \frac{1}{n_1}\sum_{i=1}^{n_1}X_i, \quad \overline{Y} = \frac{1}{n_2}\sum_{j=1}^{n_2}Y_j,$$

$$S_1^2 = \frac{1}{n_1-1}\sum_{i=1}^{n_1}(X_i-\overline{X})^2, \quad S_2^2 = \frac{1}{n_2-1}\sum_{j=1}^{n_2}(Y_j-\overline{Y})^2,$$

则

(1) $\dfrac{(\overline{X}-\overline{Y})-(\mu_1-\mu_2)}{\sqrt{\dfrac{\sigma_1^2}{n_1}+\dfrac{\sigma_2^2}{n_2}}}\sim N(0,1)$;

(2) 当 $\sigma_1^2=\sigma_2^2=\sigma^2$ 时，$\dfrac{(\overline{X}-\overline{Y})-(\mu_1-\mu_2)}{S_w\sqrt{\dfrac{1}{n_1}+\dfrac{1}{n_2}}}\sim t(n_1+n_2-2)$，

其中，
$$S_w=\frac{(n_1-1)S_1^2+(n_2-1)S_2^2}{n_1+n_2-2};$$

(3) $\dfrac{S_1^2/S_2^2}{\sigma_1^2/\sigma_2^2}\sim F(n_1-1,n_2-1)$;

(4) $\dfrac{\dfrac{1}{\sigma_1^2}\sum\limits_{i=1}^{n_1}(X_i-\mu_1)^2\Big/n_1}{\dfrac{1}{\sigma_2^2}\sum\limits_{i=1}^{n_2}(Y_i-\mu_2)^2\Big/n_2}=\dfrac{n_2\sigma_2^2\sum\limits_{i=1}^{n_1}(X_i-\mu_1)^2}{n_1\sigma_1^2\sum\limits_{i=1}^{n_2}(Y_i-\mu_2)^2}\sim F(n_1,n_2)$.

证明 (1) 根据定理 1.5.1 可知，
$$\overline{X}\sim N\left(\mu_1,\frac{\sigma_1^2}{n_1}\right),\ \overline{Y}\sim N\left(\mu_2,\frac{\sigma_2^2}{n_2}\right),$$
且两者相互独立，根据正态分布的性质，有
$$\overline{X}-\overline{Y}\sim N\left(\mu_1-\mu_2,\frac{\sigma_1^2}{n_1}+\frac{\sigma_2^2}{n_2}\right),$$
因此，$\dfrac{(\overline{X}-\overline{Y})-(\mu_1-\mu_2)}{\sqrt{\dfrac{\sigma_1^2}{n_1}+\dfrac{\sigma_2^2}{n_2}}}\sim N(0,1)$.

(2) 当 $\sigma_1^2=\sigma_2^2=\sigma^2$ 时，令
$$U=\frac{(\overline{X}-\overline{Y})-(\mu_1-\mu_2)}{\sigma\sqrt{\dfrac{1}{n_1}+\dfrac{1}{n_2}}},$$
则由(1)可知，$U\sim N(0,1)$.

又由定理 1.5.1 第(2)条可知，
$$\frac{(n_1-1)S_1^2}{\sigma^2}\sim\chi^2(n_1-1),\ \frac{(n_2-1)S_2^2}{\sigma^2}\sim\chi^2(n_2-1),$$
且两者相互独立. 根据χ^2 的可加性，有
$$V=\frac{(n_1-1)S_1^2}{\sigma^2}+\frac{(n_2-1)S_2^2}{\sigma^2}\sim\chi^2(n_1+n_2-2).$$

由于 U 和 V 相互独立，则根据 t 分布的定义可得

$$\frac{U}{\sqrt{V/(n_1+n_2-2)}}=\frac{(\overline{X}-\overline{Y})-(\mu_1-\mu_2)}{S_w\sqrt{\frac{1}{n_1}+\frac{1}{n_2}}}\sim t(n_1+n_2-2).$$

（3）根据定理 1.5.1，可知

$$\frac{(n_1-1)S_1^2}{\sigma_1^2}\sim\chi^2(n_1-1),\quad \frac{(n_2-1)S_2^2}{\sigma_2^2}\sim\chi^2(n_2-1),$$

且两者相互独立，根据 F 分布的定义，有

$$\frac{\dfrac{(n_1-1)S_1^2}{\sigma_1^2}\Big/(n_1-1)}{\dfrac{(n_2-1)S_2^2}{\sigma_2^2}\Big/(n_2-1)}\sim F(n_1-1,\ n_2-1),$$

整理得

$$\frac{S_1^2/S_2^2}{\sigma_1^2/\sigma_2^2}\sim F(n_1-1,n_2-1).$$

（4）根据定理 1.5.1 第(2)条，有

$$\frac{1}{\sigma_1^2}\sum_{i=1}^{n_1}(X_i-\mu_1)^2\sim\chi^2(n_1),\quad \frac{1}{\sigma_2^2}\sum_{i=1}^{n_2}(Y_i-\mu_2)^2\sim\chi^2(n_2),$$

且两者相互独立. 因此，根据 F 分布的定义，有

$$\frac{\dfrac{1}{\sigma_1^2}\sum\limits_{i=1}^{n_1}(X_i-\mu_1)^2\Big/n_1}{\dfrac{1}{\sigma_2^2}\sum\limits_{i=1}^{n_2}(Y_i-\mu_2)^2\Big/n_2}=\frac{n_2\sigma_2^2\sum\limits_{i=1}^{n_1}(X_i-\mu_1)^2}{n_1\sigma_1^2\sum\limits_{i=1}^{n_2}(Y_i-\mu_2)^2}\sim F(n_1,n_2).$$

习题 1

1. 设随机变量 X 的分布律为

X	−1	0	1	2
P	0.25	0.2	0.3	0.25

求：（1）$P\{X\leqslant 0.5\}$；

（2）$P\{1.5<X\leqslant 2.5\}$；

（3）X 的分布函数.

2. 某街道共有 10 部公用电话，调查表明在任一时刻 t 每部电话被使用的概率为 0.85，在同一时刻，

（1）求被使用的公用电话部数 X 的分布律；

（2）求至少有 8 部电话被使用的概率；

（3）求至少有 1 部电话未被使用的概率；

（4）为了保证至少有 1 部电话未被使用的概率不小于 90%，问应再安装多少部公用电话？

3. 设一交通路口一个月内出现交通事故的次数服从参数为 4 的泊松分布，求：

（1）一个月内恰发生 8 次交通事故的概率；

（2）一个月内发生交通事故的次数大于 10 的概率.

4. 对某一目标进行射击，直到击中目标为止，设每次射击命中率为 0.8，求：

（1）射击次数 X 的分布律；

（2）第三次才击中目标的概率；

（3）射击次数不超过 5 次的概率.

5. 某储蓄所开有 1000 个资金账户，每户资金

10 万元. 假设每日每个资金账户到储蓄所提取 20% 现金的概率为 0.004, 问: 该储蓄所每日至少要准备多少现金才能以 95%以上的概率满足客户提款的需求?

6. 设随机变量 X 的密度函数为 $f(x)=Ce^{-\frac{|x|}{a}}$ $(a>0)$, 求:

(1) 常数 C;

(2) X 的分布函数;

(3) $P\{|X|<2\}$;

(4) $Y=\frac{1}{4}X^2$ 的密度函数.

7. 已知 $X\sim N(8,0.5^2)$, 求:

(1) $P\{7.5\leqslant X\leqslant 10\}$;

(2) $P\{|X-8|\leqslant 1\}$;

(3) $P\{|X-9|\leqslant 0.5\}$.

8. 设随机变量 X 服从正态分布 $N(108,9)$, 求:

(1) $P\{101.1<X<117.6\}$;

(2) 常数 a, 使得 $P\{X<a\}=0.90$;

(3) 常数 a, 使得 $P\{|X-a|>a\}=0.01$.

9. 设随机变量 X 的概率密度函数为

$$f(x)=\begin{cases}x+0.5, & x\in[0,1],\\ 0, & x\notin[0,1],\end{cases}$$

求 $E(2X^2+1)$.

10. 设随机变量 X 的概率密度函数为 $f(x)=\frac{1}{2a}e^{-\frac{|x-b|}{a}}$, 求 $E(X)$, $D(X)$.

11. 设 X 和 Y 为两个相互独立的随机变量, 且都服从正态分布 $N(0,\sigma^2)$. 记 $U=\alpha X+\beta Y$, $V=\alpha X-\beta Y$(α, β 为不相等的常数), 求:

(1) U 与 V 的相关系数 ρ_{UV};

(2) U 与 V 相互独立的条件.

12. 设二维随机变量 (X,Y) 在矩形区域 D 内,

$$D=\{(x,y)\mid a<x<b,c<y<d\}$$

服从均匀分布, 求:

(1) 随机变量 X 和 Y 的概率密度函数;

(2) 随机变量 $Z=2X-Y$ 的数学期望和方差;

(3) 随机变量 X 和 Z 的协方差;

(4) 随机变量 (X,Y) 的相关系数, 并判断随机变量 X 和 Y 是否独立.

13. 假设甲、乙两个戏院在竞争 1000 名观众, 每个观众完全随意地选择一个戏院, 且观众之间选择戏院是彼此独立的, 问每个戏院应设多少个座位才能保证因缺少座位而使观众离开的概率小于 1%?

14. 对敌人防御阵地进行轰炸, 每次轰炸命中目标的炸弹数目是一个均值为 2, 方差为 23.51 的同分布随机变量. 计算在 100 次轰炸中命中目标的炸弹数目不低于 120 发的概率.

15. 一个复杂的系统由 100 个相互独立起作用的部件所组成, 在整个运行期间每个部件损坏的概率为 0.10. 为了使整个系统起作用, 至少要求有 85 个部件正常工作, 求整个系统起作用的概率.

16. 设 $(X_1,X_2,\cdots,X_n)$ 是来自总体 X 的一个样本, $X\sim N(0,1)$, 试写出:

(1) 样本 $(X_1,X_2,\cdots,X_n)$ 的联合概率密度函数;

(2) 样本均值 $\overline{X}$ 的概率密度函数.

17. 下面列出某球队 30 名成员的体重:

225 232 232 245 235 245 270 225 240 240
217 195 225 185 200 220 200 210 271 240
220 230 215 252 225 220 206 185 227 236

试根据这组数据, 作频率直方图, 并绘制频率密度曲线.

18. 为了研究灯泡在运输过程中的损坏情况, 现随机抽取 20 箱灯泡, 检查每箱灯泡的损坏数目, 结果如下:

2,1,2,1,0,0,3,2,0,2,0,4,3,1,1,1,1,2,1,2

试写出经验分布函数.

19. 设 (X_1,X_2,X_3,X_4) 是来自总体 X 的一个样本, $X\sim B(n,p)$, 其中 n, p 未知, $\overline{X}$ 为样本均值, S^2 为样本方差, 下列哪些是统计量?

(1) $\frac{1}{4}\sum_{i=1}^{4}X_i$;

(2) X_1-20p;

(3) $\frac{1}{n}\sum_{i=1}^{n}X_i^2$;

(4) $S^2-20p(1-p)$;

(5) $3X_1+2X_2^2+4X_3^3+X_4^2$.

20. 已知 $F\sim F(8,7)$, 求满足 $P\{F>\lambda_1\}=0.05$, $P\{F>\lambda_2\}=0.95$, $P\{F<\lambda_3\}=0.995$ 以及 $P\{F<\lambda_4\}=0.005$ 的 λ_1, λ_2, λ_3 以及 λ_4.

21. 设$(X_1, X_2, \cdots, X_{16})$是来自总体$N(4,\ 4)$的一个样本，$\overline{X}$ 为样本均值，求$P\{3 \leqslant \overline{X} \leqslant 5\}$.

22. 设$(X_1, X_2, \cdots, X_{20})$是来自总体$N(3,9)$的一个样本，问：

(1) 若令$Y=\sum_{i=1}^{10}\left(\frac{X_i-3}{3}\right)^2$，则 Y 服从什么分布?

(2) 若令$Z=\frac{1}{9}\sum_{i=1}^{20}(X_i-3)^2$，则 Z 服从什么分布?

(3) 若令$W=\frac{2Y}{Z}$，则 W 服从什么分布?

23. 设(X_1, X_2, X_3, X_4)是来自总体$N(0,4)$的一个样本，若令

$$Y=a(X_1-2X_2)^2+b(3X_3+4X_4)^2,$$

求 a，b 使得统计量服从χ^2 分布，并求该χ^2 分布的自由度.

第2章 参数估计

中国数学家与数学家精神：
爱国主义数学家
——许宝騄

数理统计学是研究随机数据统计规律性的一门学科，主要任务是根据样本数据，对总体或总体分布中的参数进行统计推断. 在许多工程、经济问题中，往往会遇到总体分布中的某些参数未知的情况，这就需要使用一些统计推断方法，利用样本数据得到参数的近似值或范围，同时对得到的结果进行评价. 这一系列的问题都属于参数估计范畴，本章主要介绍参数估计中的点估计和区间估计.

2.1 点估计

2.1.1 点估计的概念

设总体 X 的分布类型已知，但其中的某些参数未知. 设参数为 θ，其取值范围为 Θ，则称 Θ 为参数**空间**. 如果仅有一个参数未知，则 θ 为实数，如果有 k 个参数未知，则 $\boldsymbol{\theta}$ 为这 k 个未知参数所构成的向量，记作 $\boldsymbol{\theta}=(\theta_1,\theta_2,\cdots,\theta_k)$.

若有总体 X，其分布函数形式已知，记为 $F(x;\theta)$，θ 是未知参数. 设 $(X_1,X_2,\cdots,X_n)$ 为来自总体 X 的一个样本，$(x_1,x_2,\cdots,x_n)$ 为其一组观测值. 点估计就是构造统计量 $\hat{\theta}=\hat{\theta}(X_1,X_2,\cdots,X_n)$，使用其观测值 $\hat{\theta}(x_1,x_2,\cdots,x_n)$ 作为 θ 的近似值，此时，称 $\hat{\theta}(X_1,X_2,\cdots,X_n)$ 为参数 θ 的估计量，$\hat{\theta}(x_1,x_2,\cdots,x_n)$ 为 θ 的估计值. 估计量与估计值统称为估计，可简记为 $\hat{\theta}$. 需要注意的是，估计量是统计量，是样本的函数，因此对于不同的样本，估计值的计算结果也会存在差异.

常见的点估计方法有矩估计法和极大似然估计法，下面介绍两种常用的点估计方法.

2.1.2 矩估计

根据大数定律可知，当总体矩存在时，样本矩依概率收敛于总体矩. 一般而言，总体矩中也会含有总体分布所含的参数，而样本矩中包含样本信息. 这便很自然地想到使用样本矩代替总体矩，从而得到总体分布中参数的一种估计，该方法称之为**矩估计法**，得到的估计量称之为参数的**矩估计量**.

矩估计的基本思想是：用样本矩代替总体矩，用样本矩的函数代替总体矩的函数. 这一思想最早由英国统计学家皮尔逊提出，这里的矩可以是各阶原点矩，也可以是各阶中心矩. 下面以样本原点矩为例，给出矩估计的一般模型.

设总体 X 的各阶矩都存在，假定总体分布中有 k 个未知参数，则取前 k 阶矩，记为 $\mu_i=E(X^i)$，$i=1,2,\cdots,k$，$(X_1,X_2,\cdots,X_n)$ 是来自某总体的一个样本，根据矩估计的基本思想可以得到方程组

$$\begin{cases}\mu_1(\theta_1,\theta_2,\cdots,\theta_k)=E(X)=\dfrac{1}{n}\sum\limits_{i=1}^{n}X_i,\\ \mu_2(\theta_1,\theta_2,\cdots,\theta_k)=E(X^2)=\dfrac{1}{n}\sum\limits_{i=1}^{n}X_i^2,\\ \quad\vdots\\ \mu_k(\theta_1,\theta_2,\cdots,\theta_k)=E(X^k)=\dfrac{1}{n}\sum\limits_{i=1}^{n}X_i^k,\end{cases}$$

上述方程组的解 $\hat{\theta}_i=\hat{\theta}_i(X_1,X_2,\cdots,X_n),i=1,2,\cdots,k$，称为参数 $\boldsymbol{\theta}=(\theta_1,\theta_2,\cdots,\theta_k)$ 的矩估计，其观测值称为矩估计值，在不混淆的前提下简记为 $\hat{\boldsymbol{\theta}}_{\mathrm{ME}}$.

例 2.1.1　定期检修公路路面出现的裂缝、坑洞、起皮等病害是一项重要工作，若一段省际公路上明显需要修补的裂缝数 X 服从泊松分布，即 $X\sim P(\lambda)$，求未知参数 λ 的矩估计.

解　设 $(X_1,X_2,\cdots,X_n)$ 为来自总体 X 的一个样本，由于 $X\sim P(\lambda)$，则 $E(X)=\lambda$，令

$$\lambda=\frac{1}{n}\sum_{i=1}^{n}X_i=\overline{X},$$

解得参数 λ 的矩估计 $\hat{\lambda}_{\mathrm{ME}}=\overline{X}$.

若随机截取该公路上 8 个长度为 1km 区段作为样本，统计其需要修补的裂缝数分别为 2，3，4，1，1，3，2，0，则参数 λ 的矩估计值为

$$\hat{\lambda}_{\mathrm{ME}}=\bar{x}=\frac{1}{8}(2+3+4+1+1+3+2+0)=2.$$

例 2.1.1 的 MATLAB 实现

```
clc
clear all
```

```
X=[2,3,4,1,1,3,2,0];
Xbar=mean(X);
运行结果:
Xbar=
  2
```

例 2.1.2 复印机中某一电子元件失效时间 $X\sim \mathrm{Exp}(\lambda)$，试求参数 λ 的矩估计量.

解 设$(X_1,X_2,\cdots,X_n)$为总体 X 的样本，其观测值为$(x_1,x_2,\cdots,x_n)$，由于 $X\sim \mathrm{Exp}(\lambda)$，则 $E(X)=\dfrac{1}{\lambda}$，令

$$\frac{1}{\lambda}=\frac{1}{n}\sum_{i=1}^{n}X_i=\overline{X},$$

可得参数 λ 的矩估计量为 $\hat{\lambda}_{\mathrm{ME}}=\dfrac{1}{\overline{X}}$，则其矩估计值为 $\hat{\lambda}_{\mathrm{ME}}=\dfrac{1}{\overline{x}}$.

例 2.1.3 设$(X_1,X_2,\cdots,X_n)$为来自总体 X 的一个样本，只要 X 的各阶矩都存在，则可根据矩估计法，获得 X 的若干参数的矩估计，常用的矩估计有:

(1) 总体均值 $\mu=E(X)$ 的矩估计为 $\hat{\mu}_{\mathrm{ME}}=\overline{X}$.

(2) 总体方差 $\sigma^2=E[(X-\mu)^2]$ 的矩估计为 $\hat{\sigma}^2_{\mathrm{ME}}=S_n^2$，其中，$S_n^2=\dfrac{1}{n}\sum\limits_{i=1}^{n}(X_i-\overline{X})^2$.

(3) 总体标准差 σ 的矩估计为 $\hat{\sigma}_{\mathrm{ME}}=\sqrt{S_n^2}=S_n$.

事实上，根据矩估计法可以得到方程组

$$\begin{cases}\mu=E(X)=\dfrac{1}{n}\sum\limits_{i=1}^{n}X_i=\overline{X},\\ \mu^2+\sigma^2=E(X^2)=\dfrac{1}{n}\sum\limits_{i=1}^{n}X_i^2,\end{cases}$$

解上述方程组可得

$$\begin{cases}\hat{\mu}_{\mathrm{ME}}=\overline{X},\\ \hat{\sigma}^2_{\mathrm{ME}}=\dfrac{1}{n}\sum\limits_{i=1}^{n}(X_i-\overline{X})^2=S_n^2.\end{cases}$$

上述结果表明，总体均值与方差的矩估计不会因为总体分布的不同而发生改变.

例 2.1.4 设总体 $X\sim N(\mu,\sigma^2)$，μ 和 σ^2 均未知，对任意的常数 a，求 $p=P\{X<a\}$ 的矩估计.

解 对于 $X\sim N(\mu,\sigma^2)$，有 $E(X)=\mu$，$D(X)=\sigma^2$，根据例 2.1.3 结论

$$\hat{\mu}_{\mathrm{ME}}=\overline{X},\ \hat{\sigma}_{\mathrm{ME}}=S_n,$$

下面计算 p 的矩估计，由于

$$p=P\{X<a\}=P\left\{\frac{X-\mu}{\sigma}<\frac{a-\mu}{\sigma}\right\}=\Phi\left(\frac{a-\mu}{\sigma}\right),$$

所以 p 的矩估计为

$$\hat{p}_{\mathrm{ME}}=\Phi\left(\frac{a-\overline{X}}{S_n}\right).$$

矩估计计算方法简单易行，且思想更容易被接受，此外，使用时限制条件较少，即使在总体分布未知时也可以使用. 但通过这种方法计算所得**结果不具有唯一性**，例如对总体分布中某一个参数进行估计时，若选用一阶矩和二阶矩列方程，都可以得到该参数的矩估计，但所得结果可能不相同，此时为了计算方便，通常选用低阶矩去估计参数. 此外，样本的异常观测值对各阶矩的影响较大，尤其是高阶矩的稳定性较差，因此要尽量避免使用高阶矩进行矩估计.

2.1.3 极大似然估计

极大似然估计最早是 1821 年由高斯提出，但英国统计学家费希尔在 1922 年证明了极大似然估计的统计性质，使得该方法得到了广泛的应用，因而一般将该方法的提出归功于费希尔.

极大似然估计的主要思想是：通常情况下，小概率事件在一次试验中不会发生，而大概率事件经常会发生. 例如在一次随机试验中可能出现 A，B，C 三种结果，但是实际情况是事件 A 发生了，此时，认为事件 A 发生的概率是其中最大的. 下面介绍极大似然估计的相关概念.

设$(X_1,X_2,\cdots,X_n)$为来自总体 X 的一个样本，$(x_1,x_2,\cdots,x_n)$为一组样本观测值，X 的分布 $p(x;\theta)$ 中含有未知参数 θ，则样本的联合分布为

$$p(X_1,X_2,\cdots,X_n;\theta)=\prod_{i=1}^{n}p(x_i;\theta),\tag{2.1.1}$$

其中，$p(x_i;\theta)$ 在离散情形下表示概率 $P_\theta\{X_i=x_i\}$，在连续情形下表示密度函数在 x_i 处的值.

极大似然估计的直观想法是：在一次随机抽样中，如果得到样本观测值$(x_1,x_2,\cdots,x_n)$，则应当选取 θ 的值，使得该样本观测值出现的概率最大. 也就是说，当得到一组样本观测值$(x_1,x_2,\cdots,$

x_n)时，应选取使式(2.1.1)取得最大值时对应的 θ 值作为参数 θ 的极大似然估计，即 θ 的极大似然估计实则是式(2.1.1)的最大值点. 于是给出如下定义.

定义 2.1.1 设$(X_1,X_2,\cdots,X_n)$为来自总体 X 的一个样本，$(x_1,x_2,\cdots,x_n)$为一组样本观测值，X 的分布为 $p(x;\theta)$(分布律或概率密度函数)，样本的联合分布 $p(x_1,x_2,\cdots,x_n;\theta)$是参数 θ 的函数，称之为 θ 的**似然函数**，记作

$$L(\theta)=L(\theta;x_1,x_2,\cdots,x_n)=\prod_{i=1}^{n}p(x_i;\theta),\qquad(2.1.2)$$

如果存在 $\hat{\theta}\in\Theta$，使得 $L(\hat{\theta})$达到最大，即

$$L(\hat{\theta})=\max_{\theta\in\Theta}L(\theta),$$

则称 $\hat{\theta}(x_1,x_2,\cdots,x_n)$为 θ 的极大似然估计值，称 $\hat{\theta}(X_1,X_2,\cdots,X_n)$为 θ 的**极大似然估计量**，在不至于混淆的前提下可简记为 $\hat{\theta}_{\mathrm{MLE}}$.

注：似然函数中的参数 θ 有可能是一个参数，也有可能是多个参数构成的向量，总体分布中的未知参数个数决定了 θ 的形式，要视具体情况来定.

不失一般性，下面以总体分布中只有一个未知参数的情形为例，给出极大似然估计的步骤. 极大似然估计的目的是求似然函数的极大值点，如果 $L(\theta)$对 θ 可导，则可利用求驻点的方法计算 $L(\theta)$的极大值点.

令

$$\frac{\mathrm{d}}{\mathrm{d}\theta}L(\theta)=0,\qquad(2.1.3)$$

求解方程，即可得到参数 θ 的极大似然估计，称式(2.1.3)为**似然方程**.

然而，通常情况下，对式(2.1.2)求导非常烦琐，因此，为了计算方便，一般不直接求解式(2.1.3)，而是对似然函数取对数，求解 $\ln L(\theta)$的极大值. 这样一来，既不改变似然函数的极大值点，又简化了计算过程. 鉴于此，令

$$\frac{\mathrm{d}}{\mathrm{d}\theta}\ln L(\theta)=0,\qquad(2.1.4)$$

解得 $\theta=\hat{\theta}$，即为参数 θ 的极大似然估计，其中 $\ln L(\theta)$称为**对数似然函数**，式(2.1.4)称为**对数似然方程**.

注 1：似然函数 $L(\theta)$中添加或去掉一个与参数 θ 无关的量 $c>$

0，不影响寻求参数 θ 的极大似然估计的最终结果，故 $cL(\theta)$ 仍称为 θ 的似然函数，同时其中的 c 可以是常数，也可以是 $(x_1,x_2,\cdots,x_n)$ 的函数.

注2：使用上述方法求解参数的极大似然估计，仅适用于似然函数可导的情形，且得到的驻点不一定为极大值点，极大值点也不一定为最大值点，这些细节需详加讨论.

注3：如果总体分布中有多个未知参数，则可利用求解多元函数极大值点的方法得到相应参数的极大似然估计，此处不再赘述.

例2.1.5　沿用例2.1.1，针对服从泊松分布的总体 X，求未知参数 λ 的极大似然估计.

解　设 $(X_1,X_2,\cdots,X_n)$ 为总体 X 的样本，其观测值为 $(x_1,x_2,\cdots,x_n)$，且 $x_i>0$，$i=1,2,\cdots,n$，由于 $X\sim P(\lambda)$，所以

$$P\{X_i=x_i\}=\frac{\lambda^{x_i}}{x_i!}e^{-\lambda},\ i=1,2,\cdots,n.$$

构造似然函数

$$L(\lambda)=\prod_{i=1}^{n}\frac{\lambda^{x_i}}{x_i!}e^{-\lambda}=e^{-n\lambda}\frac{\lambda^{\sum\limits_{i=1}^{n}x_i}}{\prod\limits_{i=1}^{n}x_i!},$$

从而得对数似然函数

$$\ln L(\lambda)=-n\lambda+\ln\lambda\sum_{i=1}^{n}x_i-\sum_{i=1}^{n}\ln x_i,$$

对数似然函数求导得

$$\frac{d}{d\lambda}\ln L(\lambda)=-n+\frac{1}{\lambda}\sum_{i=1}^{n}x_i,$$

求二阶导数得

$$\frac{d^2}{d\lambda^2}\ln L(\lambda)=-\frac{\sum\limits_{i=1}^{n}x_i}{\lambda^2}<0,$$

因此，令 $\frac{d}{d\lambda}\ln L(\lambda)=0$ 解得参数 λ 的极大似然估计值为

$$\hat{\lambda}=\frac{1}{n}\sum_{i=1}^{n}x_i=\bar{x},$$

因此，参数 λ 的极大似然估计量为 $\hat{\lambda}_{MLE}=\bar{X}$.

不难发现，对于服从泊松分布的随机变量而言，其未知参数 λ 的矩估计量与极大似然估计量相同，但需要注意的是，该结论不具有普遍性.

例 2.1.6 若电线中的电流值 $X\sim N(\mu,\sigma^2)$，求参数 μ 和 σ^2 的极大似然估计.

解 设 $(X_1,X_2,\cdots,X_n)$ 为总体 X 的样本，其观测值为 $(x_1,x_2,\cdots,x_n)$，且 $x_i>0,i=1,2,\cdots,n$，由于 $X\sim N(\mu,\sigma^2)$，所以其概率密度函数为 $f(x)=\frac{1}{\sqrt{2\pi}\sigma}e^{-\frac{(x-\mu)^2}{2\sigma^2}}$. 构造似然函数

$$L(\mu,\sigma^2)=\prod_{i=1}^{n}\frac{1}{\sqrt{2\pi}\sigma}e^{-\frac{(x_i-\mu)^2}{2\sigma^2}},$$

对数似然函数

$$\ln L(\mu,\sigma^2)=-\frac{1}{2}\ln(2\pi)-\frac{n}{2}\ln\sigma^2-\frac{1}{2\sigma^2}\sum_{i=1}^{n}(x_i-\mu)^2,$$

令

$$\begin{cases}\dfrac{\partial}{\partial\mu}\ln L(\mu,\sigma^2)=\dfrac{1}{\sigma^2}\sum\limits_{i=1}^{n}(x_i-\mu)=0,\\ \dfrac{\partial}{\partial(\sigma^2)}\ln L(\mu,\sigma^2)=-\dfrac{n}{2\sigma^2}+\dfrac{1}{2\sigma^4}\sum\limits_{i=1}^{n}(x_i-\mu)^2=0,\end{cases}$$

解得，参数 μ 和 σ^2 的极大似然估计值分别为 $\hat{\mu}_{\text{MLE}}=\frac{1}{n}\sum_{i=1}^{n}x_i=\bar{x}$，$\hat{\sigma}^2_{\text{MLE}}=\frac{1}{n}\sum_{i=1}^{n}(x_i-\bar{x})^2$，其各自极大似然估计量分别为 $\hat{\mu}_{\text{MLE}}=\overline{X}$，$\hat{\sigma}^2_{\text{MLE}}=\frac{1}{n}\sum_{i=1}^{n}(X_i-\overline{X})^2$.

例 2.1.7 设总体 $X\sim U(\theta,\theta+1)$，求参数 θ 的极大似然估计.

解 设 $(X_1,X_2,\cdots,X_n)$ 为总体 X 的样本，其观测值为 $(x_1,x_2,\cdots,x_n)$ 且 $x_i>0$，$i=1,2,\cdots,n$，将观测值从小到大依次排序为 $x_{(1)}\leqslant x_{(2)}\leqslant\cdots\leqslant x_{(n)}$，由于总体 $X\sim U(\theta,\theta+1)$，则似然函数为

$$L(\theta)=\begin{cases}1,\ \theta\leqslant x_{(1)}\leqslant x_{(n)}\leqslant\theta+1,\\ 0,\ \text{其他}.\end{cases}$$

该似然函数在 θ 不超过 $x_{(1)}$ 或 θ 不小于 $x_{(n)}-1$ 时均可取到最大值，因此 $\hat{\theta}_1=x_{(1)}$ 和 $\hat{\theta}_2=x_{(n)}-1$ 都是 θ 的极大似然估计，另外，对于 $\forall\alpha\in(0,1)$，$\hat{\theta}_1$ 和 $\hat{\theta}_2$ 凸线性组合

$$\hat{\theta}=\alpha\hat{\theta}_1+(1-\alpha)\hat{\theta}_2=\alpha x_{(1)}+(1-\alpha)(x_{(n)}-1)$$

都是 θ 的极大似然估计，可见参数的**极大似然估计也不具有唯一性**.

对于某个总体的分布而言，设 $\hat{\theta}$ 是参数 θ 的极大似然估计，若 $g(\theta)$ 是定义在参数空间 $\Theta=\{\theta\}$ 上的函数，则 $g(\hat{\theta})$ 也是 $g(\theta)$ 的

极大似然估计. 下面不加证明地给出**极大似然估计的不变原理**.

定理(不变原理) 设 $\hat{\theta}$ 是某总体分布中参数 θ 的极大似然估计，则对于任意函数 $\gamma=g(\theta)$，$\theta\in\Theta$，γ 的极大似然估计为 $\hat{\gamma}_{\text{MLE}}=g(\hat{\theta})$.

该定理的条件非常宽泛，使得极大似然估计也有着广泛的应用. 例 2.1.7 中若要求标准差 σ 的极大似然估计，则可直接利用不变原理和例 2.1.7 的结论，得到 σ 的极大似然估计值为 $\hat{\sigma}_{\text{MLE}}=\sqrt{\frac{1}{n}\sum_{i=1}^{n}(x_i-\bar{x})^2}$.

2.2 估计量的优劣性

根据上节知识可知，同一个未知参数的点估计结果可能不唯一，对于这种情况，自然期望所得估计量的性质达到相对最优，这就涉及参数估计量的评价问题. 在这一节，主要介绍几种常用的评价标准，即无偏性、有效性和相合性.

2.2.1 无偏性

由于估计量是用于参数估计的统计量，因而估计量是随机变量. 那么，自然就希望估计量的取值与参数的真实值越接近越好，首先介绍无偏性的相关定义.

定义 2.2.1(无偏性) 设 $\hat{\theta}=\hat{\theta}(X_1,X_2,\cdots,X_n)$ 是某总体分布中参数 θ 的估计量，若 $\hat{\theta}$ 的期望 $E(\hat{\theta})$ 存在，且

$$E(\hat{\theta})=\theta,$$

则称 $\hat{\theta}$ 为参数 θ 的**无偏估计量**，简称**无偏估计**；否则称之为**有偏估计**.

如果估计量 $\hat{\theta}$ 随着样本容量 n 的无限增大而趋于 θ 的真实值，记 $\hat{\theta}=\hat{\theta}_n$，有

$$\lim_{n\to\infty}E(\hat{\theta}_n)=\theta,$$

则称 $\hat{\theta}_n$ 为参数 θ 的**渐近无偏估计**.

例 2.2.1 设总体 X 的期望为 μ，方差为 σ^2，$(X_1,X_2,\cdots,X_n)$ 为来自总体 X 的样本，试证明：

(1) 样本均值 $\overline{X}$ 是总体期望 μ 的无偏估计；

(2) 样本方差 $S^2=\frac{1}{n-1}\sum_{i=1}^{n}(X_i-\overline{X})^2$ 和估计量 $S_n^2=\frac{1}{n}\sum_{i=1}^{n}(X_i-\overline{X})^2$ 分别是总体方差 σ^2 的无偏估计和渐近无偏估计.

证明 由于 $E(X)=\mu$，$D(X)=\sigma^2$，所以 $E(X_i)=\mu$，$D(X_i)=\sigma^2$，$i=1,2,\cdots,n$.

(1) 由于

$$E(\overline{X})=E\left(\frac{1}{n}\sum_{i=1}^{n}X_i\right)=\frac{1}{n}\sum_{i=1}^{n}E(X_i)=\frac{1}{n}\sum_{i=1}^{n}\mu=\mu,$$

所以 $\overline{X}$ 是总体期望 μ 的无偏估计.

(2) 由于

$$\begin{aligned}
E(S^2)&=E\left(\frac{1}{n-1}\sum_{i=1}^{n}(X_i-\overline{X})^2\right)\\
&=\frac{1}{n-1}E\left(\sum_{i=1}^{n}(X_i^2-2X_i\overline{X}+\overline{X}^2)\right)\\
&=\frac{1}{n-1}E\left(\sum_{i=1}^{n}X_i^2-2n\overline{X}^2+n\overline{X}^2\right)\\
&=\frac{1}{n-1}\left(\sum_{i=1}^{n}E(X_i^2)-nE(\overline{X}^2)\right)\\
&=\frac{1}{n-1}\left(\sum_{i=1}^{n}(\mu^2+\sigma^2)-n\left(\mu^2+\frac{\sigma^2}{n}\right)\right)\\
&=\frac{1}{n-1}((n-1)\sigma^2)=\sigma^2,
\end{aligned}$$

因此，样本方差 $S^2=\frac{1}{n-1}\sum_{i=1}^{n}(X_i-\overline{X})^2$ 是总体方差 σ^2 的无偏估计.

由于

$$E(S_n^2)=E\left(\frac{1}{n}\sum_{i=1}^{n}(X_i-\overline{X})^2\right)=\frac{n-1}{n}\sigma^2,$$

所以 $\lim\limits_{n\to\infty}E(S_n^2)=\sigma^2$，即估计量 $S_n^2=\frac{1}{n}\sum_{i=1}^{n}(X_i-\overline{X})^2$ 是总体方差 σ^2 的渐近无偏估计.

定义 2.2.2(可估参数) 如果参数 θ 存在无偏估计，则称此参数为**可估参数**.

可估参数 θ 的无偏估计有可能只有一个，也可能有多个. 在只有一个无偏估计时，没有选择的余地，在有多个无偏估计时，常用其方差作为进一步选择的指标，下面介绍有效性的定义.

2.2.2 有效性

定义 2.2.3(有效性) 设 $\hat{\theta}_1=\hat{\theta}_1(X_1,X_2,\cdots,X_n)$ 和 $\hat{\theta}_2=\hat{\theta}_2(X_1,X_2,\cdots,X_n)$ 都是某总体分布中参数 θ 的无偏估计量，若

$$D(\hat{\theta}_1)\leqslant D(\hat{\theta}_2),$$

则称 $\hat{\theta}_1$ 比 $\hat{\theta}_2$ 有效.

例 2.2.2 设总体 X 的期望为 μ，方差为 σ^2，$(X_1,X_2,\cdots,X_n)$ 为总体 X 的样本，则

$$\hat{\mu}_1=\overline{X},\ \hat{\mu}_2=X_1$$

都是 μ 的无偏估计，但是

$$D(\hat{\mu}_1)=D(\overline{X})=\frac{\sigma^2}{n},\ D(\hat{\mu}_2)=D(X_1)=\sigma^2,$$

当 $n\geqslant 2$ 时，$D(\hat{\mu}_1)<D(\hat{\mu}_2)$，因此 $\hat{\mu}_1$ 比 $\hat{\mu}_2$ 有效.

例 2.2.3 设总体 X 的期望为 μ，方差为 σ^2，$(X_1,X_2,\cdots,X_n)$ 为总体 X 的样本，令

$$\hat{\mu}=\sum_{i=1}^{n}\alpha_iX_i,\ 其中\ \alpha_i>0,\ i=1,2,\cdots,n,\ \sum_{i=1}^{n}\alpha_i=1.$$

试证明：

(1) $\hat{\mu}$ 是 μ 的无偏估计；

(2) 当且仅当 $\alpha_1=\alpha_2=\cdots=\alpha_n=\frac{1}{n}$，即 $\hat{\mu}=\overline{X}$ 是 μ 的最有效估计.

证明 (1) 由于

$$E(\hat{\mu})=E\left(\sum_{i=1}^{n}\alpha_iX_i\right)=\sum_{i=1}^{n}E(\alpha_iX_i)=\sum_{i=1}^{n}\alpha_iE(X_i)$$

$$=\sum_{i=1}^{n}\alpha_iE(X)=\sum_{i=1}^{n}\alpha_i\mu=\mu\sum_{i=1}^{n}\alpha_i=\mu,$$

所以 $\hat{\mu}$ 是 μ 的无偏估计.

(2) 由于

$$D(\hat{\mu})=D\left(\sum_{i=1}^{n}\alpha_iX_i\right)=\sum_{i=1}^{n}D(\alpha_iX_i)=\sum_{i=1}^{n}\alpha_i^{\ 2}D(X_i)$$

$$=\sum_{i=1}^{n}\alpha_i^{\ 2}D(X)=\sum_{i=1}^{n}\alpha_i^{\ 2}\sigma^2=\sigma^2\sum_{i=1}^{n}\alpha_i^{\ 2},$$

当 $\alpha_1=\alpha_2=\cdots=\alpha_n=\frac{1}{n}$时，

$$D(\hat{\mu})=D(\overline{X})=\frac{\sigma^2}{n},$$

根据柯西-施瓦茨不等式得

$$\sum_{i=1}^{n}\alpha_n^2 \geqslant \frac{1}{n}\left(\sum_{i=1}^{n}\alpha_i\right)^2=\frac{1}{n},\ \text{当且仅当}\ \alpha_1=\alpha_2=\cdots=\alpha_n\ \text{时取“=”},$$

所以 $D(\hat{\mu})=\sigma^2\sum_{i=1}^{n}\alpha_i^{\,2}\geqslant\frac{\sigma^2}{n}=D(\overline{X})$，即 $\hat{\mu}=\overline{X}$ 是 μ 的最有效估计.

从这些例子可见，总体期望的无偏估计很多，但是样本均值是其中最有效的. 同时，应避免仅仅使用部分样本数据去估计总体分布中的参数，而是通过尽可能增大样本容量来达到提高估计量有效性的目的.

2.2.3 相合性

前面介绍的无偏性和有效性都是在样本容量固定的条件下提出的，然而，在样本容量固定的前提下估计量与参数的真实值之间的随机偏差总是存在的，而且不可避免. 我们希望在样本容量不断增大时，估计量与参数的真实值之间的偏差发生的机会逐渐缩小. 因此，下面将介绍相合性的定义.

定义 2.2.4(相合性) 设 $\hat{\theta}=\hat{\theta}(X_1,X_2,\cdots,X_n)$ 是某总体分布中参数 θ 的估计量，如果当 $n\to\infty$，$\hat{\theta}_n$ 依概率收敛于 θ，即对 $\forall\varepsilon>0$，有

$$\lim_{n\to\infty}P\{|\hat{\theta}-\theta|<\varepsilon\}=1,$$

则称 $\hat{\theta}_n$ 为参数 θ 的**相合估计(或一致估计)**.

例 2.2.4 试证明样本 k 阶矩 $A_k=\frac{1}{n}\sum_{i=1}^{n}X_i^k$ 是总体 k 阶矩 $\mu_k=E(X^k)$ 的相合估计.

证明 根据大数定律，如果总体 k 阶矩 $\mu_k=E(X^k)$ 存在，则当 $n\to\infty$ 时，样本 k 阶矩 $A_k=\frac{1}{n}\sum_{i=1}^{n}X_i^k$ 依概率收敛于总体 k 阶矩 $\mu_k=E(X^k)$，即对 $\forall\varepsilon>0$，有

$$\lim_{n\to\infty}P\{|A_k-\mu_k|<\varepsilon\}=1.$$

因此，样本 k 阶矩 A_k 是总体 k 阶矩 μ_k 的相合估计.

2.3 单个正态总体参数的区间估计

在前两节我们讨论了参数的点估计，点估计的实质就是给出

了未知参数的近似值，常用的参数估计方法还有区间估计. 区间估计是指估计未知参数的取值范围，并使此范围包含未知参数真值的概率为给定的值. 两种方法相互补充，各有用途. 此外，正态分布是实际应用最为重要和广泛存在的一种分布. 因此在这一节，我们利用枢轴量法分别讨论正态总体 $N(\mu,\sigma^2)$ 的均值 μ 和方差 σ^2 的置信区间.

2.3.1 置信区间与枢轴量法

在实际问题中，不仅需要给出参数的估计值，往往还需要估计出参数的范围，并给出这个范围包含参数真值的可信程度. 而这种范围通常是以区间形式给出的，故称这种随机区间为置信区间，下面给出置信区间的定义及构造区间估计的枢轴量法.

1. 置信区间

定义 2.3.1(置信区间) 设 $(X_1,X_2,\cdots,X_n)$ 为来自总体 X 的一个样本，X 的分布 $p(x;\theta)$ 中含有未知参数 θ，对给定的 $\alpha\in(0,1)$，如果统计量 $\hat{\theta}_1=\hat{\theta}_1(X_1,X_2,\cdots,X_n)$ 和 $\hat{\theta}_2=\hat{\theta}_2(X_1,X_2,\cdots,X_n)$ 满足

$$P\{\hat{\theta}_1\leqslant\theta\leqslant\hat{\theta}_2\}=1-\alpha,$$

则称随机区间 $[\hat{\theta}_1,\hat{\theta}_2]$ 为参数 θ 的**置信度**(或**置信水平**)为 $1-\alpha$ 的**置信区间**.

注 1：置信度越大，置信区间覆盖参数的概率就越大，但是不宜一味地追求高置信度的区间估计，置信度很高的区间估计一般没有任何用处(如人的平均身高在 0～2m)，因为这种区间估计不能给出有效信息.

注 2：随机区间 $[\hat{\theta}_1,\hat{\theta}_2]$ 的平均长度 $E_\theta[\hat{\theta}_2-\hat{\theta}_1]$ 越短越好，因为平均长度越短，表示区间估计的精度越高.

2. 枢轴量法

构造未知参数 θ 的置信区间的一种常用的方法称为枢轴量法，其具体步骤如下：

(1) 构造枢轴量：从 θ 的一个点估计 $\hat{\theta}$ 出发，构造一个 $\hat{\theta}$ 和 θ 的函数 $G(\hat{\theta},\theta)$，使得其分布已知，且分布与 θ 无关，通常称 $G(\hat{\theta},\theta)$ 为**枢轴量**.

(2) 列概率表达式：选取适当的两个常数 c 和 d，使得对给定的 $\alpha\in(0,1)$ 有 $P\{c\leqslant G(\hat{\theta},\theta)\leqslant d\}=1-\alpha$.

(3) 利用不等式运算，得到置信区间：若不等式 $c\leqslant G(\hat{\theta},\ \theta)\leqslant d$ 可等价变形为形如 $\hat{\theta}_1\leqslant\theta\leqslant\hat{\theta}_2$ 的不等式，则 $[\hat{\theta}_1,\hat{\theta}_2]$ 即为参数 θ 的

置信度为 $1-\alpha$ 的置信区间.

2.3.2 均值的置信区间

设总体 $X\sim N(\mu,\sigma^2)$，$(X_1,X_2,\cdots,X_n)$为来自总体 X 的一个样本，下面分两种情况讨论均值 μ 的置信区间.

1. σ^2 已知时，μ 的置信区间

当 σ^2 已知时，可选取

$$U=\frac{\overline{X}-\mu}{\sigma/\sqrt{n}}\sim N(0,1)$$

作为枢轴量，再利用标准正态分布分位数即可得到 μ 的置信区间. 考虑到正态分布的概率密度函数是单峰对称函数，若取对称区间，可使置信区间的估计精度更高. 如图 2.3.1 所示，选取标准正态分布的分位数 $u_{\alpha/2}$ 和 $u_{1-\alpha/2}$，由于 $u_{1-\alpha/2}=-u_{\alpha/2}$，则对于给定的置信度 $1-\alpha$，有

$$P\{|U|\leqslant u_{\alpha/2}\}=1-\alpha, \tag{2.3.1}$$

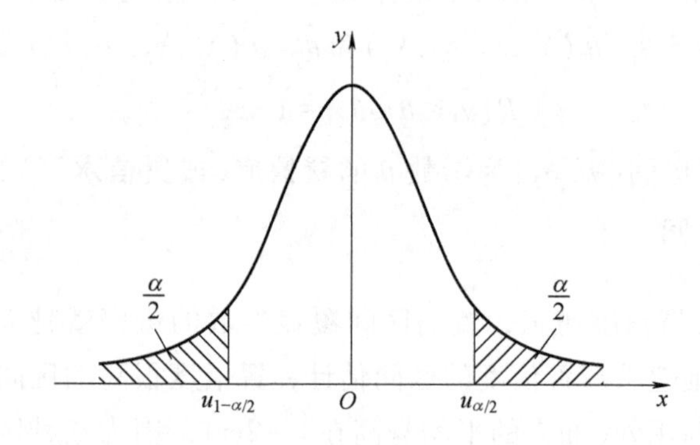

图 2.3.1 标准正态分布的双侧分位数

由于式(2.3.1)等价于

$$P\left\{|\mu-\overline{X}|\leqslant\frac{\sigma}{\sqrt{n}}u_{\alpha/2}\right\}=1-\alpha,$$

因此，均值 μ 的置信度为 $1-\alpha$ 的置信区间为

$$\left[\overline{X}\pm\frac{\sigma}{\sqrt{n}}u_{\alpha/2}\right].$$

2. σ^2 未知时，μ 的置信区间

当 σ^2 未知时，可选取

$$T=\frac{\overline{X}-\mu}{S/\sqrt{n}}\sim t(n-1)$$

作为枢轴量，再利用 t 分布的分位数即可得到 μ 的置信区间. 考虑到 t 分布与正态分布相似，其概率密度函数是单峰对称函数，取

对称区间可使置信区间的长度最短. 如图 2.3.2 所示, 选取 t 分布的分位数 $t_{\alpha/2}(n-1)$ 和 $t_{1-\alpha/2}(n-1)$, 由于 $t_{1-\alpha/2}(n-1)=-t_{\alpha/2}(n-1)$, 则对于给定的置信度 $1-\alpha$, 有

$$P\{|T|\leqslant t_{\alpha/2}(n-1)\}=1-\alpha, \tag{2.3.2}$$

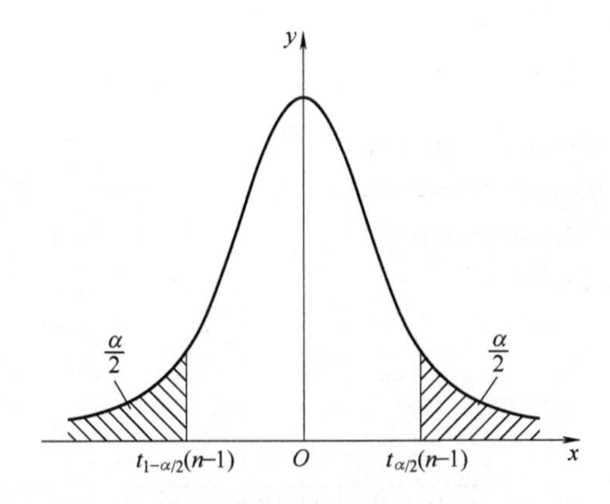

图 2.3.2 t 分布的双侧分位数

由于式(2.3.2)等价于

$$P\left\{|\mu-\overline{X}|\leqslant\frac{S}{\sqrt{n}}t_{\alpha/2}(n-1)\right\}=1-\alpha,$$

因此, 均值 μ 的置信度为 $1-\alpha$ 的置信区间为

$$\left[\overline{X}\pm\frac{S}{\sqrt{n}}t_{\alpha/2}(n-1)\right].$$

例 2.3.1 设某机床加工的轴的直径与图纸规定的尺寸的偏差 $X\sim N(\mu,5^2)$, 现随机抽取 100 根轴, 测得其总偏差为 500mm, 试求总体均值 μ 的置信度为 95%的置信区间.

解 由于总体方差已知, 所以均值 μ 的置信度为 $1-\alpha$ 的置信区间为

$$\left[\overline{X}-\frac{\sigma}{\sqrt{n}}u_{\alpha/2},\overline{X}+\frac{\sigma}{\sqrt{n}}u_{\alpha/2}\right],$$

设每根轴的直径偏差为 $x_i$mm, $i=1,2,\cdots,10$, 则由题可知样本均值 $\bar{x}=\frac{1}{100}\sum_{i=1}^{100}x_i=5$, 总体标准差 $\sigma=5$.

当置信度 $1-\alpha=0.95$ 时, $\frac{\alpha}{2}=0.025$, 查表得 $u_{\alpha/2}=u_{0.025}=1.96$, 代入数据得到均值 μ 的置信度为 95%的置信区间为[4.02, 5.98].

例 2.3.1 的 MATLAB 实现
```
clc
clear all
SumX=500;
sigma=5;
n=100;
Xbar=SumX/n;
alpha=1-0.95;
U=norminv(1-alpha/2,0,1);
Mu_L=Xbar-U*sigma/sqrt(n);
Mu_U=Xbar+U*sigma/sqrt(n);
Conf_int=[Mu_L,Mu_U]
运行结果:
Conf_int=
  4.0200    5.9800
```

例 2.3.2 假定每克水泥混合物释放的热量[单位：cal[⊖](卡路里)]服从正态分布 $N(\mu,\sigma^2)$，现随机抽取 16 个重量为 1g 的水泥混合物样品，测得释放的总热量为 1280cal，样本标准差为 10cal，试求参数 μ 的置信度为 95%的置信区间.

解 因为总体方差 σ^2 未知，所以总体均值 μ 的置信度为 $1-\alpha$ 的置信区间为

$$\left[\overline{X}-\frac{S}{\sqrt{n}}t_{\alpha/2}(n-1),\ \overline{X}+\frac{S}{\sqrt{n}}t_{\alpha/2}(n-1)\right],$$

设每个水泥混合物样品释放的热量为 $x_i$cal，$i=1,2,\cdots,16$，由题可知样本均值 $\bar{x}=\frac{1}{16}\sum_{i=1}^{16}x_i=80$，样本标准差 $s=10$.

当置信度 $1-\alpha=0.95$ 时，$\alpha=0.05$ 时，$t_{\alpha/2}(n-1)=t_{0.025}(15)=2.1314$，故总体均值 μ 的置信度为 95%的置信区间为[74.6714, 85.3286].

例 2.3.2 的 MATLAB 实现
```
clc
clear all
SumX=1280;
Std_X=10;
n=16;
Xbar=SumX/n;
```

⊖ 1cal=4.1868J.

```
alpha=1-0.95;
T=tinv(1-alpha/2,n-1);
Mu_L=Xbar-T*Std_X/sqrt(n);
Mu_U=Xbar+T*Std_X/sqrt(n);
Conf_int=[Mu_L,Mu_U]
运行结果:
Conf_int=
  74.6714  85.3286
```

2.3.3 方差的置信区间

类似于均值的置信区间求解的两种情况，此处将方差的置信区间也分为总体均值已知与未知两种情况进行讨论.

1. μ 未知时，σ^2 的置信区间

当 μ 未知时，可选取

$$\chi^2=\frac{n-1}{\sigma^2}S^2=\frac{1}{\sigma^2}\sum_{i=1}^{n}(X_i-\overline{X})^2\sim\chi^2(n-1)$$

作为枢轴量，由于 χ^2 分布是偏态分布，寻求长度最短的 $1-\alpha$ 置信区间比较困难，在实务中通常构造等尾的 $1-\alpha$ 置信区间，如图 2.3.3所示，选取 χ^2 分布的 $1-\alpha/2$ 和 $\alpha/2$ 分位数，使得

$$P\{\chi^2_{1-\alpha/2}(n-1)\leqslant\chi^2\leqslant\chi^2_{\alpha/2}(n-1)\}=1-\alpha.\qquad(2.3.3)$$

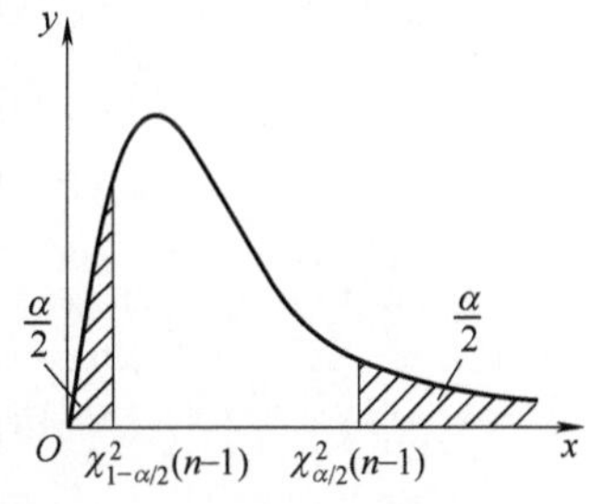

图 2.3.3　χ^2 分布的双侧分位数

式(2.3.3)等价于

$$P\left\{\frac{(n-1)S^2}{\chi^2_{\alpha/2}(n-1)}\leqslant\sigma^2\leqslant\frac{(n-1)S^2}{\chi^2_{1-\alpha/2}(n-1)}\right\}=1-\alpha,$$

因此，μ 的置信度为 $1-\alpha$ 的置信区间为

$$\left[\frac{(n-1)S^2}{\chi^2_{\alpha/2}(n-1)},\frac{(n-1)S^2}{\chi^2_{1-\alpha/2}(n-1)}\right].$$

2. μ 已知时，σ^2 的置信区间

当 μ 已知时，类似地可选取

$$\chi^2=\frac{1}{\sigma^2}\sum_{i=1}^{n}(X_i-\mu)^2\sim\chi^2(n)$$

作为枢轴量，使用枢轴量法可得到相应的 σ^2 的置信区间为

$$\left[\frac{\sum_{i=1}^{n}(X_i-\mu)^2}{\chi^2_{\alpha/2}(n)},\frac{\sum_{i=1}^{n}(X_i-\mu)^2}{\chi^2_{1-\alpha/2}(n)}\right].$$

例 2.3.3　为研究某种汽车轮胎的磨损特性，随机地选择 16 只轮胎，测量过程中每只轮胎行驶到磨坏为止，记录所行驶的里程(单位：km)如下：

41250 40187 43175 41010 39265 41872 42654 41287
40400 39775 43500 40680 41095 42550 40200 38970

设行驶里程服从 $N(\mu,\sigma^2)$，试求下列情况下方差 σ^2 的置信区间：

(1) 若已知 $\mu=41000$，试求方差 σ^2 的置信度为 90%的置信区间；

(2) 若 μ 未知，试求方差 σ^2 的置信度为 95%的置信区间.

解 (1) 该问题属于期望已知时，方差的区间估计. 所以总体方差 σ^2 的置信度为 $1-\alpha$ 的置信区间为

$$\left[\frac{\sum_{i=1}^{n}(X_i-\mu)^2}{\chi^2_{\alpha/2}(n)},\frac{\sum_{i=1}^{n}(X_i-\mu)^2}{\chi^2_{1-\alpha/2}(n)}\right]$$

由题可知样本均值 $\bar{x}=\frac{1}{16}\sum_{i=1}^{16}x_i=41117$，当置信度 $1-\alpha=0.9$ 时，$\alpha=0.1$ 时，$\chi^2_{1-\alpha/2}(n)=\chi^2_{0.95}(15)=7.962$，$\chi^2_{\alpha/2}(n)=\chi^2_{0.05}(16)=26.296$，故总体方差 σ^2 的置信度为 90%的置信区间为$[1.0431\times10^6,3.4451\times10^6]$.

(2) 因为总体期望 μ 未知，所以总体方差 σ^2 的置信度为 $1-\alpha$ 的置信区间为

$$\left[\frac{(n-1)S^2}{\chi^2_{\alpha/2}(n-1)},\frac{(n-1)S^2}{\chi^2_{1-\alpha/2}(n-1)}\right],$$

由题可知，样本方差 $s^2=1.8140\times10^6$.

当置信度 $1-\alpha=0.95$ 时，$\alpha=0.05$ 时，$\chi^2_{1-\alpha/2}(n-1)=\chi^2_{0.975}(15)=6.262$，$\chi^2_{\alpha/2}(n-1)=\chi^2_{0.025}(15)=27.488$，故总体方差 σ^2 的置信度为 95%的置信区间为$[0.9899\times10^6,4.3451\times10^6]$.

```
例 2.3.3 的 MATLAB 实现
clc
clear all
X=[41250,40187,43175,41010,39265,41872,42654,41287,
40400,39775,43500,40680,41095,42550,40200,38970];
n=length(X);
Xbar=mean(X);
%期望已知估计方差
mu=41000;
S=sum((X-mu).^2);
alpha=1-0.9;
R=1-alpha/2;
L=alpha/2;
chi2L=chi2inv(L,n);
```

```
chi2R=chi2inv(R,n);
sig_L=S/chi2R;
sig_R=S/chi2L;
Conf_int=[sig_L sig_R]
运行结果:
Conf_int=
  1.0431e+06    3.4451e+06
%期望未知估计方差
s=std(X);
alpha2=1-0.95;
R2=1-alpha2/2;
L2=alpha2/2;
chi2L2=chi2inv(L2,n-1);
chi2R2=chi2inv(R2,n-1);
sig_L2=(n-1)*s^2/chi2R2;
sig_R2=(n-1)*s^2/chi2L2;
Conf_int 2=[sig_L2 sig_R2]
运行结果:
Conf_int 2=
  0.9899e+06    4.3451e+06
```

2.4 两个正态总体参数的置信区间

上节介绍了单个正态总体参数的区间估计，本节将介绍两个正态总体参数的区间估计，基本问题为两个总体的均值差和方差比的区间估计. 设总体 $X\sim N(\mu_1,\sigma_1^2)$ 与总体 $Y\sim N(\mu_2,\sigma_2^2)$ 相互独立，$(X_1,X_2,\cdots,X_{n_1})$ 和 $(Y_1,Y_2,\cdots,Y_{n_2})$ 分别为来自 X 和 Y 的样本，记两个样本均值分别为 $\overline{X}$ 和 $\overline{Y}$，样本方差分别为 S_1^2 和 S_2^2. 下面分别讨论均值差 $\mu_1-\mu_2$ 和方差比 σ_1^2/σ_2^2 的区间估计.

2.4.1 均值差的置信区间

1. 方差 σ_1^2，σ_2^2 已知时，$\mu_1-\mu_2$ 的置信区间

方差 σ_1^2，σ_2^2 已知时，根据正态分布以及样本的性质，有 $\overline{X}-\overline{Y}\sim N\left(\mu_1-\mu_2,\dfrac{\sigma_1^2}{n_1}+\dfrac{\sigma_2^2}{n_2}\right)$，因此，求 $\mu_1-\mu_2$ 的置信区间的方法与单个正态总体方差已知时求期望的置信区间相似. 此时，所选枢轴量应为

$$U=\frac{(\overline{X}-\overline{Y})-(\mu_1-\mu_2)}{\sqrt{\dfrac{\sigma_1^2}{n_1}+\dfrac{\sigma_2^2}{n_2}}}\sim N(0,1),$$

对于给定的置信度 $1-\alpha$，有

$$P\{|U|\leqslant u_{\alpha/2}\}=1-\alpha,$$

即

$$P\left\{|(\overline{X}-\overline{Y})-(\mu_1-\mu_2)|\leqslant u_{\alpha/2}\sqrt{\frac{\sigma_1^2}{n_1}+\frac{\sigma_2^2}{n_2}}\right\}=1-\alpha,$$

因此，均值 $\mu_1-\mu_2$ 的置信度为 $1-\alpha$ 的置信区间为

$$\left[(\overline{X}-\overline{Y})\pm u_{\alpha/2}\sqrt{\frac{\sigma_1^2}{n_1}+\frac{\sigma_2^2}{n_2}}\right].$$

2. 方差 $\sigma_1^2=\sigma_2^2=\sigma^2$(未知)时，$\mu_1-\mu_2$ 的置信区间

当 $\sigma_1^2=\sigma_2^2=\sigma^2$ 时，由于

$$T=\frac{(\overline{X}-\overline{Y})-(\mu_1-\mu_2)}{S_w\sqrt{\frac{1}{n_1}+\frac{1}{n_2}}}\sim t(n_1+n_2-2),\qquad(2.4.1)$$

其中，$S_w=\sqrt{\frac{(n_1-1)S_1^2+(n_2-1)S_2^2}{n_1+n_2-2}}$. 因此，求 $\mu_1-\mu_2$ 的置信区间与单个正态总体方差未知时期望的置信区间相似. 只需要选择式(2.4.1)中的 T 作为枢轴量，对于给定的置信度 $1-\alpha$，有

$$P\{|T|\leqslant t_{\alpha/2}(n_1+n_2-2)\}=1-\alpha,$$

即

$$P\left\{|(\overline{X}-\overline{Y})-(\mu_1-\mu_2)|\leqslant S_w\sqrt{\frac{1}{n_1}+\frac{1}{n_2}}\,t_{\alpha/2}(n_1+n_2-2)\right\}=1-\alpha,$$

因此，均值差 $\mu_1-\mu_2$ 的置信度为 $1-\alpha$ 的置信区间为

$$\left[(\overline{X}-\overline{Y})\pm S_w\sqrt{\frac{1}{n_1}+\frac{1}{n_2}}\,t_{\alpha/2}(n_1+n_2-2)\right].$$

3. 方差 σ_1^2，σ_2^2 未知且 $\sigma_1^2\neq\sigma_2^2$ 时，$\mu_1-\mu_2$ 的置信区间

若 $\sigma_1^2\neq\sigma_2^2$，则可利用当 n_1 和 n_2 充分大时，

$$U=\frac{(\overline{X}-\overline{Y})-(\mu_1-\mu_2)}{\sqrt{\frac{S_1^2}{n_1}+\frac{S_2^2}{n_2}}}\overset{\text{近似}}{\sim}N(0,1),$$

使用枢轴量法，对于给定的置信度 $1-\alpha$，有

$$P\{|U|\leqslant u_{\alpha/2}\}=1-\alpha,$$

即

$$P\left\{|(\overline{X}-\overline{Y})-(\mu_1-\mu_2)|\leqslant u_{\alpha/2}\sqrt{\frac{S_1^2}{n_1}+\frac{S_2^2}{n_2}}\right\}=1-\alpha,$$

因此，$\mu_1-\mu_2$ 的置信度为 $1-\alpha$ 的近似置信区间为

$$\left[(\overline{X}-\overline{Y})\pm u_{\alpha/2}\sqrt{\frac{S_1^2}{n_1}+\frac{S_2^2}{n_2}}\right].$$

例 2.4.1 研究两种固体燃料火箭推进器的燃烧率. 设两者都服从正态分布，并且已知燃烧率的标准差均为 0.05cm/s，取样本容量为 $n_1=n_2=20$，得到燃烧率的样本均值分别为 18cm/s 和 24cm/s. 若两样本相互独立，求燃烧率总体均值差 $\mu_1-\mu_2$ 的置信度为 99%的置信区间.

解 由于问题属于两个正态总体均值差的区间估计(方差均已知)，所以均值差 $\mu_1-\mu_2$ 的置信度为 $1-\alpha$ 的置信区间为

$$\left[(\overline{X}-\overline{Y})\pm u_{\alpha/2}\sqrt{\frac{{\sigma_1}^2}{n_1}+\frac{{\sigma_2}^2}{n_2}}\right],$$

其中

$$\begin{cases}n_1=n_2=20,\\ {\sigma_1}^2={\sigma_2}^2=0.05^2=0.0025,\\ \bar{x}=18,\bar{y}=24,\end{cases}$$

又 $1-\alpha=0.99$，即 $\frac{\alpha}{2}=0.005$，查表可知 $u_{\alpha/2}=u_{0.005}=2.58$，则均值差 $\mu_1-\mu_2$ 的置信度为 $1-\alpha$ 的置信区间为 $[-6.0407,-5.9593]$.

例 2.4.1 的 MATLAB 实现

```
clc
clear all
Xm=18;Ym=24;
sigma1=0.05;sigma2=0.05;
n1=20;n2=20;
alpha=1-0.99;
Ja=1-alpha/2
U=norminv(Ja,0,1)
Mu_L=(Xm-Ym)-U*sqrt(sigma1^2/n1+sigma2^2/n2);
Mu_U=(Xm-Ym)+U*sqrt(sigma1^2/n1+sigma2^2/n2);
Conf_int=[Mu_L Mu_U]
```

运行结果：

```
Conf_int=
  -6.0407  -5.9593
```

例 2.4.2 有两批导线，测定其电阻. 现随机地从 A 批导线中抽 4 根，又从 B 批导线中抽 5 根，测得电阻(单位：Ω)如下：

A 批导线：0.143 0.142 0.143 0.137

B 批导线：0. 140　0. 142　0. 136　0. 138　0. 140

设测定数据分别来自分布 $N(\mu_1,\sigma^2)$，$N(\mu_2,\sigma^2)$，且两样本相互独立，试求两个总体均值差 $\mu_1-\mu_2$ 的 95%的置信区间.

解　两个总体的方差相等但未知时，均值差 $\mu_1-\mu_2$ 的置信度为 $1-\alpha$ 的置信区间为

$$\left[(\overline{X}-\overline{Y})\pm S_w\sqrt{\frac{1}{n_1}+\frac{1}{n_2}}t_{\alpha/2}(n_1+n_2-2)\right],$$

由题目数据计算可得

$$\bar{x}=0.14125,\ \bar{y}=0.1392,\ s_1^2=8.25\times10^{-6},\ s_2^2=5.2\times10^{-6},$$

$$s_w=\sqrt{\frac{(n_1-1)s_1^2+(n_2-1)s_2^2}{n_1+n_2-2}}=0.0026,$$

又 $1-\alpha=0.95$，即 $\frac{\alpha}{2}=0.025$，查表可知 $t_{\alpha/2}(n_1+n_2-2)=t_{0.025}(7)=2.3646$，则均值差 $\mu_1-\mu_2$ 的置信度为 $1-\alpha$ 的置信区间为[-0.0020, 0.0061].

例 2. 4. 2 的 MATLAB 实现

```
clc
clear all
x=[0.143  0.142  0.143  0.137];
y=[0.140  0.142  0.136  0.138  0.140];
n1=length(x)
n2=length(y)
xbar=mean(x)
ybar=mean(y)
S1=std(x)
S2=std(y)
Sw=sqrt(((n1-1)*S1^2+(n2-1)*S2^2)/(n1+n2-2))
alpha=0.05;
t=tinv(1-alpha/2,n1+n2-2)
d1=(xbar-ybar)-t*Sw.*sqrt(1./n1+1./n2);
d2=(xbar-ybar)+t*Sw.*sqrt(1./n1+1./n2);
Conf_int=[d1,d2]
```

运行结果：

```
Conf_int=
  -0.0020    0.0061
```

2.4.2 方差比的置信区间

1. 期望 μ_1，μ_2 未知时，σ_1^2/σ_2^2 的置信区间

若 μ_1，μ_2 未知，则可选择

$$F=\frac{S_1^2/S_2^2}{\sigma_1^2/\sigma_2^2}\sim F(n_1-1,n_2-1)$$

作为枢轴量，对于给定的置信度 $1-\alpha$，如图 2.4.1 所示，选取 F 分布的 $1-\alpha/2$ 分位数和 $\alpha/2$ 分位数，

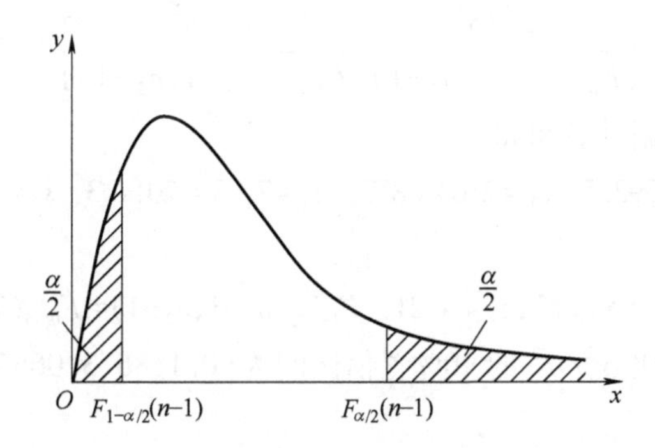

图 2.4.1　F 分布的双侧分位数

使得

$$P\{F_{1-\alpha/2}(n_1-1,\ n_2-1)\leqslant F\leqslant F_{\alpha/2}(n_1-1,\ n_2-1)\}=1-\alpha,$$

即

$$P\left\{\frac{S_1^2/S_2^2}{F_{\alpha/2}(n_1-1,\ n_2-1)}\leqslant\frac{\sigma_1^2}{\sigma_2^2}\leqslant\frac{S_1^2/S_2^2}{F_{1-\alpha/2}(n_1-1,\ n_2-1)}\right\}=1-\alpha,$$

因此，σ_1^2/σ_2^2 的置信度为 $1-\alpha$ 的置信区间为

$$\left[\frac{S_1^2/S_2^2}{F_{\alpha/2}(n_1-1,\ n_2-1)},\ \frac{S_1^2/S_2^2}{F_{1-\alpha/2}(n_1-1,\ n_2-1)}\right].$$

2. 期望 μ_1，μ_2 已知时，σ_1^2/σ_2^2 的置信区间

当 μ_1，μ_2 已知时，则可选择

$$F=\frac{n_2\sigma_2^2\sum_{i=1}^{n_1}(X_i-\mu_1)^2}{n_1\sigma_1^2\sum_{i=1}^{n_2}(Y_i-\mu_2)^2}\sim F(n_1,n_2)$$

作为枢轴量，类似地，可得到 σ_1^2/σ_2^2 的置信度为 $1-\alpha$ 的置信区间为

$$\left[\frac{\frac{1}{n_1}\sum_{i=1}^{n_1}(X_i-\mu_1)^2}{\frac{1}{n_2}\sum_{i=1}^{n_2}(Y_i-\mu_2)^2}\frac{1}{F_{\alpha/2}(n_1,n_2)},\frac{\frac{1}{n_1}\sum_{i=1}^{n_1}(X_i-\mu_1)^2}{\frac{1}{n_2}\sum_{i=1}^{n_2}(Y_i-\mu_2)^2}\frac{1}{F_{1-\alpha/2}(n_1,n_2)}\right].$$

例 2.4.3　工程师分析甲、乙两个厂家生产水泥的压力强度，已知水泥压力强度分别服从分布 $N(\mu_1,\sigma_1^2)$，$N(\mu_2,\sigma_2^2)$．现从两个厂家水泥中随机抽取若干样品进行测量(单位：kPa)，结果如下：

甲厂：2050　1980　1970　2040　2010　2000　1900　1990

乙厂：2070　1980　1950　2080　2040　1960　2020

试根据以上信息给出两个总体方差比 σ_1^2/σ_2^2 的 90%置信区间.

解　期望 μ_1，μ_2 未知时，σ_1^2/σ_2^2 的 $1-\alpha$ 置信区间为

$$\left[\frac{S_1^2/S_2^2}{F_{\alpha/2}(n_1-1,n_2-1)},\frac{S_1^2/S_2^2}{F_{1-\alpha/2}(n_1-1,n_2-1)}\right],$$

根据题目数据计算可得

$n_1=8$，$\bar{x}=1992.5$，$s_1^2=2164.2857$，$n_2=7$，$\bar{y}=2014.3$，$s_2^2=2728.5714$，

查表可得

$F_{\alpha/2}(n_1-1,n_2-1)=F_{0.05}(7,6)=4.21$，$F_{1-\alpha/2}(n_1-1,n_2-1)=F_{0.95}(7,6)=0.26$，

因此，方差比 σ_1^2/σ_2^2 的 90%置信区间为[0.1886,3.0665].

例 2.4.3 的 MATLAB 实现

```
clc
clear all
x=[2050  1980  1970  2040  2010  2000  1900  1990];
y=[2070  1980  1950  2080  2040  1960  2020];
n1=length(x);
n2=length(y);
S1=std(x);
S2=std(y);
alpha=1-0.9;
R=1-alpha/2;
L=alpha/2;
F_L=finv(L,n1-1,n2-1)
F_R=finv(R,n1-1,n2-1)
C_L=S1^2/S2^2/F_R;
C_R=S1^2/S2^2/F_L;
Conf_int=[C_L C_R]
运行结果:
Conf_int=
  0.1886    3.0665
```

2.5 单侧区间估计

前面讨论的区间估计问题都属于双侧置信区间问题，然而在一些实际问题中，人们有时只关心未知参数的上限或下限. 例如，人们总是希望电子产品的寿命越长越好，此时平均寿命的置信下限就是一个重要指标；又如，研究产品的次品率问题时，人们总希望次品率越低越好，这时产品的平均次品率的置信上限便

是一个重要的指标. 这些问题都可以归结为寻求未知参数的单侧置信区间问题.

2.5.1 置信限的概念

定义 2.5.1 设$(X_1,X_2,\cdots,X_n)$为来自总体X的一个样本，X的分布中含有未知参数θ，对给定的$\alpha\in(0,1)$，如果统计量$\hat{\theta}_L=\hat{\theta}_L(X_1,X_2,\cdots,X_n)$满足

$$P\{\hat{\theta}_L\leqslant\theta\}=1-\alpha,$$

则称$\hat{\theta}_L$为参数θ的**单侧置信下限**. 又如果统计量$\hat{\theta}_U=\hat{\theta}_U(X_1,X_2,\cdots,X_n)$满足

$$P\{\theta\leqslant\hat{\theta}_U\}=1-\alpha,$$

则称$\hat{\theta}_U$为参数θ的**单侧置信上限**，称随机区间$[\hat{\theta}_L,+\infty)$和$(-\infty,\hat{\theta}_U]$为参数θ的置信度为$1-\alpha$的**单侧置信区间**.

容易看出，单侧置信下限与单侧置信上限都是置信区间的特殊情况，其寻求方法类似，同样可以采用枢轴量法.

2.5.2 单侧置信区间

设总体$X\sim N(\mu,\sigma^2)$，$(X_1,X_2,\cdots,X_n)$为来自总体X的一个样本，下面分两种情况讨论均值μ的单侧置信区间.

1. σ^2 已知时，μ 的单侧置信区间

当σ^2已知时，可选取

$$U=\frac{\overline{X}-\mu}{\sigma/\sqrt{n}}\sim N(0,1)$$

作为枢轴量，再利用标准正态分布分位数即可得到μ的置信区间. 如图 2.5.1 所示，分别选取标准正态分布的分位数u_α和$u_{1-\alpha}$给出参数μ的$1-\alpha$单侧置信下限和单侧置信上限.

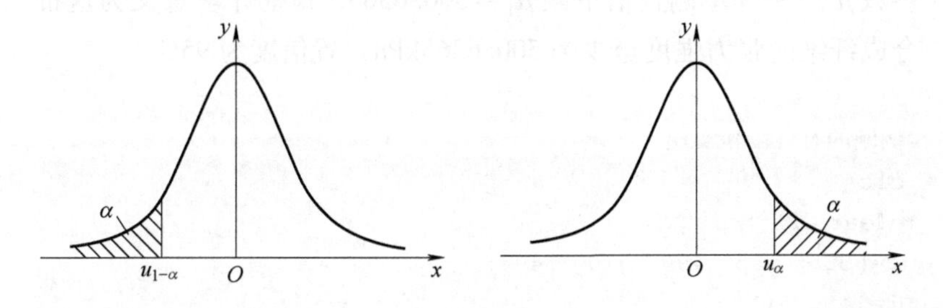

图 2.5.1 标准正态分布的单侧分位数

根据分位数的定义有 $u_{1-\alpha}=-u_\alpha$，因此，可分别列概率表达式

$$P\{U\leqslant u_\alpha\}=1-\alpha \text{ 和 } P\{U\geqslant -u_\alpha\}=1-\alpha,$$

解得参数 μ 的单侧置信下限 $\hat{\mu}_L=\overline{X}-\frac{\sigma}{\sqrt{n}}u_\alpha$，单侧置信上限为 $\hat{\mu}_U=\overline{X}+\frac{\sigma}{\sqrt{n}}u_\alpha$.

2. σ^2 未知时，μ 的单侧置信区间

当 σ^2 未知时，可选取

$$T=\frac{\overline{X}-\mu}{S/\sqrt{n}}\sim t(n-1)$$

作为枢轴量，再利用 t 分布的分位数即可得到 μ 的置信区间. 考虑到 t 分布与正态分布相似，此时 μ 的单侧置信区间与 σ^2 已知时类似. 对于给定的置信度 $1-\alpha$，有

$$P\{T\leqslant t_\alpha(n-1)\}=1-\alpha \text{ 和 } P\{T\geqslant -t_\alpha(n-1)\}=1-\alpha,$$

解得参数 μ 的单侧置信下限 $\hat{\mu}_L=\overline{X}-\frac{S}{\sqrt{n}}t_\alpha(n-1)$，单侧置信上限为 $\hat{\mu}_U=\overline{X}+\frac{S}{\sqrt{n}}t_\alpha(n-1)$.

例 为了研究地毯生产的合成纤维的张力强度，现从一厂家生产的某批货物中随机抽取 5 个合成纤维的样本，观测其张力强度. 所得数据如下(单位：kPa)：

535 525 490 510 540

假定这些合成纤维的张力强度 $X\sim N(\mu,\sigma^2)$，求参数 μ 的 95%单侧置信下限.

解 参数 μ 的 $1-\alpha$ 单侧置信下限 $\hat{\mu}_L=\overline{X}-\frac{S}{\sqrt{n}}t_\alpha(n-1)$，根据题目数据计算可得

$$n=5,\ \bar{x}=520,\ s=20.3101,\ t_\alpha(n-1)=t_{0.05}(4)=2.1318,$$

参数 μ 的 95%单侧置信下限 $\hat{\mu}_L\approx 500.6365$. 其统计学意义为这批合成纤维的张力强度至少为 500.6365kPa，置信度为 95%.

例题的 MATLAB 实现

```
clc
clear all
X=[535  525  490  510  540];
n=length(X);
Xbar=mean(X);
```

```
stdX=std(X);
alpha=1-0.95;
T=tinv(1-alpha,n-1);
% 单侧置信下限
Mu_L=mean(X)-T*stdX/sqrt(n)
% 单侧置信上限
Mu_U=mean(X)+T*stdX/sqrt(n)
运行结果:
Mu_L=
  500.6365
```

注：由于置信度为 $1-\alpha$ 的单侧置信区间与双侧置信区间基本类似，只需要把 α 集中在一侧即可，因此单侧置信区间中其余的情形，请有兴趣的读者自行推导，此处不再赘述.

2.6 大样本置信区间

前面章节介绍了基于枢轴量法的正态总体参数的区间估计. 然而在实际问题中，总体分布往往非正态分布或者总体分布未知，此时就不能再使用枢轴量法. 但如果能够收集到足够多的样本数据形成大样本，就可以借助相关统计量的渐近分布来计算参数的近似置信区间，这种方法称为**大样本置信区间**.

2.6.1 基于 MLE 的大样本近似置信区间

在极大似然估计场合，总体 X 的分布律或概率密度函数 $p(x;\theta)$ 中的参数 θ 通常有一列估计量 $\hat{\theta}_n=\hat{\theta}_n(x_1,x_2,\cdots,x_n)$，并有渐近正态分布 $N(\theta,\sigma_n^2(\theta))$，其中渐近方差 $\sigma_n^2(\theta)$是参数 θ 和样本容量的函数.

若使用参数 θ 的极大似然估计量 $\hat{\theta}_n$ 代替渐近方差 $\sigma_n^2(\theta)$ 中的 θ，则在大样本前提下，有

$$\frac{\hat{\theta}_n-\theta}{\sigma_n(\hat{\theta}_n)}\xrightarrow{L}N(0,1),\ n\to\infty.$$

给定置信度 $1-\alpha(0<\alpha<1)$，则

$$P\left\{-u_{1-\alpha/2}<\frac{\hat{\theta}_n-\theta}{\sigma_n(\hat{\theta}_n)}<u_{1-\alpha/2}\right\}\doteq 1-\alpha,$$

因此，参数 θ 的近似置信区间为

$$[\hat{\theta}_n-u_{1-\alpha/2}\sigma_n(\hat{\theta}_n),\hat{\theta}_n+u_{1-\alpha/2}\sigma_n(\hat{\theta}_n)].\tag{2.6.1}$$

例 2.6.1 若从一批零件中随机抽取 100 件进行检测，发现有 5 件不合格，求该批零件的合格率 p 的 95%置信区间.

解　令随机变量

$$X=\begin{cases}1,\ \text{零件合格},\\0,\ \text{零件不合格}.\end{cases}$$

由题意可知 $X \sim B(1,p)$. 若记 $(X_1,X_2,\cdots,X_{100})$ 是来自该总体 X 的一个容量为 100 的样本，$(x_1,x_2,\cdots,x_{100})$ 是对应于该样本的一组观测值，容易得到 p 的极大似然估计 $\hat{p}=\overline{X}$，因此，

$$\sigma_n^2(\hat{p})=D(\overline{X})=\frac{\hat{p}(1-\hat{p})}{n}=\frac{\overline{X}(1-\overline{X})}{n}.$$

此例中，$n=100$，$\bar{x}=0.95$，由式(2.6.1)可得，参数 p 的 95%置信区间为

$$[\hat{p}-u_{0.975}\sigma_n(\hat{p}),\hat{p}+u_{0.975}\sigma_n(\hat{p})]=[0.9491,0.9509]$$

例 2.6.1 的 MATLAB 实现

```
clc
clear all
n=100;
sx=95;
xbar=sx/n;
sighat=xbar*(1-xbar)/n;
alpha=1-0.95;
u=norminv(1-alpha/2,0,1);
p_L=xbar-sighat*u;
p_U=xbar+sighat*u;
p_int=[p_L,p_U]
```

运行结果:

```
p_int=
  [0.9491,0.9509]
```

2.6.2 基于中心极限定理的大样本近似置信区间

根据中心极限定理，若总体的均值 μ 与方差 σ^2 存在，大量独立同分布的随机变量之和近似服从正态分布. 设 $(X_1,X_2,\cdots,X_n)$ 是来自总体的一个样本，则样本均值的渐近分布为

$$\overline{X} \dot{\sim} N\left(\mu,\frac{\sigma^2}{n}\right).$$

若总体方差已知，给定置信度 $1-\alpha(0<\alpha<1)$，则总体均值 μ 的近似置信区间为

$$[\overline{X}-u_{1-\alpha/2}\sigma/\sqrt{n},\overline{X}+u_{1-\alpha/2}\sigma/\sqrt{n}]. \tag{2.6.2}$$

若总体方差未知，可用 σ^2 的相合估计代替(例如样本方差 S^2)，此时，总体均值 μ 的 $1-\alpha$ 近似置信区间为

$$[\overline{X}-u_{1-\alpha/2}S/\sqrt{n},\overline{X}+u_{1-\alpha/2}S/\sqrt{n}].\qquad(2.6.3)$$

例 2.6.2　若某产品的寿命 $X\sim\text{Exp}(\lambda)$，从中抽取 100 个样品进行寿命试验，得到数据如下：

3016	366	2198	7857	5838	2597	12295	188	16385	11186
6082	1270	4856	5999	399	6693	6688	3018	610	2125
1474	3600	1044	3765	4217	2530	1109	3259	454	3524
8331	4152	3148	7338	8442	1704	17664	7314	1140	1248
1879	4028	5239	846	500	7531	369	3578	11578	1677
8477	5915	315	8180	102	10710	1571	2358	6700	506
4992	3381	662	7438	4118	6076	3581	1935	5463	577
2345	3359	2988	8839	10986	5716	2736	4638	1930	5481
1241	1007	2370	7399	6773	4288	7192	5006	9955	1792
12559	1148	2663	4154	4474	3388	3895	60	1634	8102

求该批产品的平均寿命的 90%置信区间.

解　由于总体 $X\sim\text{Exp}(\lambda)$，则 $E(X)=\dfrac{1}{\lambda}$，根据题意有 $\dfrac{1}{\lambda}$ 的置信度 $1-\alpha$ 的置信区间为

$$[\overline{X}-u_{1-\alpha/2}S/\sqrt{n},\overline{X}+u_{1-\alpha/2}S/\sqrt{n}].$$

由于

$$n=100,\ \bar{x}=4.4353\times10^3,\ s=3.5984\times10^3,\ u_{1-\alpha/2}=u_{0.95}=1.645,$$

因此该批产品的平均寿命的 90%置信区间为 $[3.8434\times10^3,5.0271\times10^3]$.

例 2.6.2 的 MATLAB 实现

```
clc
clear all
x=xlsread('Data2_6_2.xlsx');
n=100;
x=x(:);
xbar=sum(x)/n;
s=std(x);
alpha=1-0.90;
u=norminv(1-alpha/2,0,1);
lam_L=xbar-s*u/sqrt(n);
lam_U=xbar+s*u/sqrt(n);
lam_int=[lam_L,lam_U]
```

运行结果：

```
p_int=
  1.0e+03*
  [3.8434,5.0271]
```

2.6.3 样本量的确定

在实际问题中，经常遇到估计比率 p 的问题，如试验的成功率、产品合格率等，此类比率的估计精度与样本容量之间存在正向相关关系，即样本容量越大，精度越高. 而在实际调查中，我们不能一味地追求高精度而使得调查成本随之大幅提升，为此，通常将估计精度控制在一定要求，计算在此要求下样本容量的最小值. 此处讨论在大样本场合下，使得比率 p 的估计达到给定精度所需要的样本容量.

在大样本场合下，用来确定比率估计问题中的样本容量的常用方法是使用 p 的置信区间. 设 $(X_1,X_2,\cdots,X_n)$ 是来自二项分布总体 $B(1,p)$ 的一个样本，则有

$$P\left\{-u_{1-\alpha/2}<\frac{\hat{p}-p}{\sqrt{\hat{p}(1-\hat{p})/n}}<u_{1-\alpha/2}\right\} \doteq 1-\alpha,$$

即

$$P\left\{-u_{1-\alpha/2}<\frac{\overline{X}-p}{\sqrt{\overline{X}(1-\overline{X})/n}}<u_{1-\alpha/2}\right\} \doteq 1-\alpha,$$

则参数 p 的 $1-\alpha$ 置信区间为

$$\left(\overline{X}-u_{1-\alpha/2}\sqrt{\overline{X}(1-\overline{X})/n},\ \overline{X}+u_{1-\alpha/2}\sqrt{\overline{X}(1-\overline{X})/n}\right).$$

若将该区间长度控制在 $2d$ 范围内，则下列不等式成立：

$$2u_{1-\alpha/2}\sqrt{\frac{\overline{X}(1-\overline{X})}{n}}\leqslant 2d. \tag{2.6.4}$$

当 $0\leqslant\overline{X}\leqslant 1$ 时，$\overline{X}(1-\overline{X})\leqslant\frac{1}{4}$，解不等式(2.6.4)可得

$$n\geqslant\left(\frac{u_{1-\alpha/2}}{2d}\right)^2. \tag{2.6.5}$$

此种场合下，置信度 $1-\alpha$ 又可称为**保证概率**，区间半径 d 称为**绝对误差**. 式(2.6.5)表示：若要使得"频率 $\overline{X}$ 与比率 p 之间的绝对误差不超过 d"的保证概率至少为 $1-\alpha$，所需样本容量至少为 $\left(\frac{u_{1-\alpha/2}}{2d}\right)^2$.

例 2.6.3 某公司制定一项新的政策，该公司想了解员工对新政策的支持率 p 的情况. 问应当收集该公司内多少员工的支持意见才能以 95%的保证概率使得支持频率 $\overline{X}$ 与 p 之间的差异不超过 0.01?

解 根据题意，绝对误差 $d=0.01$，保证概率 $1-\alpha=0.95$，

$u_{1-\alpha/2}=u_{0.975}=1.96$，由式(2.6.5)计算可得样本容量

$$n\geqslant\left(\frac{1.96}{2\times0.01}\right)^2=9604.$$

该结果表明，至少要调查9604名员工，才能以95%的保证概率使得支持频率 $\overline{X}$ 与 p 之间的差异不超过0.01.

习题2

1. 设总体 $X\sim B(1,p)$，求未知参数 p 的矩估计和极大似然估计.

2. 设总体 X 的概率分布为 $P\{X=k\}=q^{k-1}p$，$k=1,2,\cdots$，$0<p<1$，$p+q=1$，其中 p 是未知参数，$(X_1,X_2,\cdots,X_n)$ 为总体 X 的样本，其观测值为 $(x_1,x_2,\cdots,x_n)$. 试求 p 的矩估计量和极大似然估计量.

3. 设总体 X 的分布律为

X	0	1	2	3
p	θ^2	$2\theta(1-\theta)$	θ^2	$1-2\theta$

其中 $\theta\left(0<\theta<\frac{1}{2}\right)$ 是未知参数，现随机地从总体中抽取一个容量为8的样本，得到其观测值为3，1，3，0，3，1，2，3，求参数 θ 的矩估计值和极大似然估计值.

4. 设总体 X 的概率密度函数为

$$f(x,\theta)=\begin{cases}\theta x^{\theta-1}, & 0<x<1,\\ 0, & \text{其他}.\end{cases}$$

其中，θ 为未知参数，且 $\theta>0$，$(X_1,X_2,\cdots,X_n)$ 为来自总体 X 的一个样本，试求 θ 的矩估计量和极大似然估计量，并计算样本观测值为0.69，0.71，0.72，0.70，0.71，0.69时，参数 θ 的估计值.

5. 电子器件使用寿命一般服从指数分布. 假设某种电子器件的寿命 $X\sim\text{Exp}(\lambda)$，其中，$\lambda>0$ 为未知参数，试求 λ 的极大似然估计量.

6. 设总体 $X\sim U(\theta-1,\theta+1)$，求未知参数 θ 的矩估计和极大似然估计.

7. 设 (X_1,X_2,X_3,X_4) 是来自均值为 μ 的总体的一个样本，其中 μ 未知，若对于该分布中 μ 有如下估计量：

$$\hat{\mu}_1=\frac{1}{4}(3X_1+X_2)+\frac{1}{2}(X_3-X_4),$$

$$\hat{\mu}_2=\frac{1}{5}(X_1+2X_2+3X_3+5X_4),$$

$$\hat{\mu}_3=\frac{1}{4}(X_1+X_2+X_3+X_4),$$

(1) 指出 $\hat{\mu}_1$，$\hat{\mu}_2$，$\hat{\mu}_3$ 中哪几个是 μ 的无偏估计；

(2) 在上述 μ 的无偏估计中，哪个更有效？

8. 设总体 $X\sim N(\mu,\sigma^2)$，$(X_1,X_2,\cdots,X_n)$ 为来自 X 的一个样本. 当 $n>1$ 时，试确定常数 C，使得 $C\sum\limits_{i=1}^{n-1}(X_{i+1}-X_i)^2$ 为 σ^2 的无偏估计量.

9. 设总体 X 的期望为 μ，方差为 σ^2，$(X_1,X_2,\cdots,X_n)$ 为来自 X 的一个样本，试证明估计量

$$\hat{\mu}=\frac{2}{n(n+1)}\sum_{i=1}^{n}iX_i$$

是 μ 的无偏估计.

10. 设 $\hat{\theta}_1$ 和 $\hat{\theta}_2$ 是参数 θ 的两个无偏估计，且相互独立，方差分别为 $D(\hat{\theta}_1)=\sigma_1^2$ 和 $D(\hat{\theta}_2)=\sigma_2^2$，试解决如下问题：

(1) 证明：对 $\forall\alpha\in(0,1)$，使得 $\hat{\theta}_\alpha=\alpha\hat{\theta}_1+(1-\alpha)\hat{\theta}_2$ 是 θ 的无偏估计.

(2) 确定 α 的值，使得 $\hat{\theta}_\alpha$ 的方差最小.

11. 某水泥制造厂用自动装袋机包装水泥，每袋净重 $X\sim N(\mu,5^2)$，现随机抽取16袋，测得各袋净重(单位：kg)如下：

49.6 50.8 48.9 50.3 49.4 50.0 49.7 51.2
50.4 50.5 49.3 49.6 50.6 49.2 50.9 49.6

试求总体均值 μ 的90%置信区间.

12. 某旅行社随机访问了25名游客，得知该样本均值 $\bar{x}=80$ 元，样本标准差为12元，已知游客消费额服从 $N(\mu,\sigma^2)$，求游客平均消费额总体 μ 的95%置信区间.

13. 假定某型号新能源汽车的续航时间服从正

态分布 $N(\mu,\sigma^2)$，现随机抽取16辆汽车进行测试，得到总续航里程为2160km，样本标准差为10km，试求参数 μ 的置信度为95%的置信区间.

14. 对某种钢材的抗剪强度进行了10次测试，得试验结果如下(单位：MPa)：

578 572 570 568 572 570 570 596 584 572

若已知抗剪强度服从正态分布 $N(\mu,\sigma^2)$，试回答下列问题：

(1) 若 $\sigma^2=25$，求 μ 的置信度为95%的置信区间；

(2) 若 σ^2 未知，求 μ 的置信度为95%的置信区间.

15. 随机地取某种炮弹10发研究炮口速度，设炮口速度服从正态分布 $N(650,\sigma^2)$. 测得10发炮弹的炮口速度(单位：m/s)如下：

750 200 1210 880 940 730 190 280 700 730

求这种炮弹的炮口速度的标准差 σ 的置信度为0.95的置信区间.

16. 使用金属球测定引力常量(单位：$10^{-11}\text{N}\cdot\text{m}^2\cdot\text{kg}^{-2}$)，测得其值如下：

6.0661 6.6760 6.6780 6.6690 6.6680 6.6670

设测定值服从 $N(\mu,\sigma^2)$，试求方差 σ^2 的置信度为95%的置信区间.

17. 为提高某一化学生产过程的得率，试图采用一种新的催化剂. 为慎重起见，在实验工厂先进行试验. 设采用原来的催化剂进行了8次试验，得到得率的平均值为91.73，样本方差为3.89；又采用新的催化剂进行了8次试验，得到得率的平均值为93.75，样本方差为4.02. 假设两总体都可认为服从正态分布，且总体方差相等，两样本相互独立. 试求两总体均值差的置信度为95%的置信区间.

18. 研究两种清漆的干燥时间(以h计). 设两者都服从正态分布，并且已知干燥时间的标准差均为0.6，现分别从两种清漆中抽取9个样品，其干燥时间如下：

第一种：6.0 5.7 5.8 6.5 7.0 6.3 5.6 6.1 5.0

第二种：5.4 5.0 6.2 6.2 6.7 5.3 5.6 5.1 6.0

设两样本相互独立，求两种清漆干燥时间总体均值差 $\mu_1-\mu_2$ 的置信度为0.99的置信区间.

19. 研究由机器A和机器B生产的钢管内径(单位：mm)，随机抽取机器A生产的管子18只，测得样本方差为 $s_1^2=0.34$，抽取机器B生产的管子13只，测得样本方差为 $s_2^2=0.29$. 设两样本相互独立，且设由机器A和B生产的管子内径分别服从正态分布 $N(\mu_1,\sigma_1^2)$，$N(\mu_2,\sigma_2^2)$，这里 μ_1，μ_2，σ_1^2，σ_2^2 均未知，试求方差比 $\frac{\sigma_1^2}{\sigma_2^2}$ 的置信度为90%的置信区间.

20. 为了考察温度对某物体断裂强度的影响，在70℃与80℃时分别重复了8次试验，测试值的样本方差依次为 $s_1^2=0.8857$，$s_2^2=0.8266$. 假定70℃下的断裂强度 $X\sim N(\mu_1,\sigma_1^2)$，80℃下的断裂强度 $Y\sim N(\mu_2,\sigma_2^2)$，且 X 与 Y 相互独立，试求方差比 $\frac{\sigma_1^2}{\sigma_2^2}$ 的置信度为90%的置信区间.

21. 某车间生产的螺杆直径服从正态分布，现随机抽取5只，测得直径(单位：mm)为

22.3 21.5 22 21.8 21.4

试求总体均值 μ 的置信度为95%的单侧置信区间上限.

第3章 假设检验

假设检验是统计推断的一种重要方法，首先是对总体未知参数或总体的分布形式提出一定的假设，然后利用样本信息来检验假设是否成立. 这一方法具有很重要的统计意义与实际意义，因此假设检验是数理统计学的重要内容之一. 本章主要介绍假设检验的概念和一般步骤、正态总体中各种参数的假设检验方法以及总体分布的假设检验方法.

一般来说，根据问题的性质可将假设检验分为参数检验和非参数检验两大类，当总体的分布类型已知时，对总体分布中未知参数的检验称为参数检验；若总体的分布类型未知，对总体的分布类型或者分布性质的检验，这类问题称为非参数检验. 本章重点介绍参数假设检验问题.

中国数学家与数学家精神：
“大样本理论的开拓者”
——陈希孺

3.1 假设检验的基本概念

3.1.1 问题的提出

为了更直观地了解假设检验所研究的问题，先看下面几个例子：

例 3.1.1 在正常生产的情况下，某种铸件的重量服从正态分布 $N(56,0.9^2)$，现从某天生产的铸件中抽取 9 件，测得重量(单位：kg)如下：

42.0　52.0　54.0　55.0　55.5　56.5　57.0　57.5　65.0

问该车间是否正常生产？

此问题看似与统计无关，事实上，该问题可以转化为如何根据抽样结果判定“$\mu=56$”是否成立.

例 3.1.2 假设两种清漆的干燥时间(以 h 计)都服从正态分布，现分别从两种清漆中抽取 9 个样品，其干燥时间如下：

第一种 X：6.0　5.7　5.8　6.5　7.0　6.3　5.6　6.1　5.0

第二种 Y：5.4 5.0 6.2 6.2 6.7 5.3 5.6 5.1 6.0

问两种清漆的干燥时间有无显著差异?

此问题则可以转化为判断命题“$E(X)=E(Y)$”是否成立.

例 3.1.3 施工队检修某省际公路上需要修补的裂缝时发现，在长度 400km 的路面上，需要修补的裂缝数如下：

每千米裂缝数	0	1	2	3	4	5	6	7	8
千米数	241	98	37	16	3	2	1	0	2

问该省际公路上每千米裂缝数是否服从泊松分布?

此问题则可以转化为判断命题“$X\sim P(\lambda)$”是否成立.

以上三个问题均是判断某一命题是否成立，而给出的命题则是对总体分布或者分布中的某些参数提出的一种假设，这就需要根据样本观测值经过一些计算得到结论，即所提假设是否成立.

关于总体分布或分布中的参数提出的某种论述称为**统计假设**或**原假设**(也称零假设或待检假设)，记作 H_0，例 3.1.1 中 H_0 就是“$\mu=56$”. 将原假设的对立面称作**备择假设**或**对立假设**，记作 H_1，例 3.1.1 中 H_1 应为“$\mu\neq 56$”. 判断原假设是否正确的方法称为**假设检验**. 例 3.1.1 就是要检验“H_0：$\mu=56$”是否成立.

对于某个问题只提出一个假设，而不同时研究多个假设，称为**简单统计假设**或**简单假设**. 本章主要研究简单统计假设.

当原假设确定之后，备择假设的形式可以是多样的，一般采用题目信息已表明的那一方面，如例 3.1.1 中备择假设可以是 H_1：$\mu\neq 56$，也可以是 H_1：$\mu>56$ 或 H_1：$\mu<56$. 由于备择假设形式多样，所以假设检验分为**双侧检验**和**单侧检验**.

双侧检验(two-tail test)：

$$H_0:\ \mu=\mu_0,\qquad H_1:\ \mu\neq\mu_0.$$

单侧检验(one-tail test)：

$$H_0:\ \mu\geqslant\mu_0,\qquad H_1:\ \mu<\mu_0,$$

或

$$H_0:\ \mu\leqslant\mu_0,\qquad H_1:\ \mu>\mu_0.$$

3.1.2 假设检验的基本原理

假设检验的主要思想是，使用样本数据进行某些计算之后，对问题所提出的命题做出“是”或“否”的判断. 下面以例 3.1.1 来介绍假设检验的基本原理.

若以 μ，σ 分别表示当天所生产的铸件重量 X 的期望和标准差. 则 $X\sim N(\mu,0.9^2)$，但此处 μ 未知. 现在问题是要判断 μ 是否等于 56kg.

故而所提原假设为 H_0：$\mu=56$.

当原假设成立时，$X\sim N(\mu,0.9^2)$. 接下来，使用样本观测值进行统计计算，来判断原假设是否成立. 若 H_0 为真，则说明车间当天正常生产；反之，则认为未正常生产.

当 H_0 成立时，有 $X\sim N(\mu,0.9^2)$，此时，样本均值 $\overline{X}\sim N\left(56,\frac{0.9^2}{n}\right)$，$\overline{X}$ 经过标准化后形成的统计量

$$U=\frac{\overline{X}-\mu}{0.9/\sqrt{n}}\sim N(0,1)$$

对于给定的 $\alpha(0<\alpha<1)$，查标准正态分布临界值表得 $u_{\alpha/2}$，使得

$$P\{|U|>u_{\alpha/2}\}=\alpha.$$

例如当 $\alpha=0.05$ 时，由附表可得 $u_{\alpha/2}=u_{0.025}=1.96$，则

$$P\{|U|>1.96\}=0.05,$$

也即当 H_0 成立时，$|U|$ 超过 1.96 的概率 α 只有 5%. 称 α 为**检验水平或显著性水平**.

在例 3.1.1 中上式可表示为

$$P\left\{\left|\frac{\overline{X}-56}{0.9/\sqrt{9}}\right|>1.96\right\}=0.05.$$

令事件 $W=\left\{\left|\frac{\overline{X}-56}{0.9/\sqrt{9}}\right|>1.96\right\}$，显然事件 W 可以看作是小概率事件，根据上一章内容，通常认为在一次试验中，小概率事件不会发生. 如果小概率事件 W 发生了，通常会觉得该现象不正常，原因只可能是初始假设“H_0：$\mu=56$”值得怀疑. 因此，如果 $\overline{X}$ 落在 W 中便拒绝原假设 H_0，否则接受 H_0(见图 3.1.1).

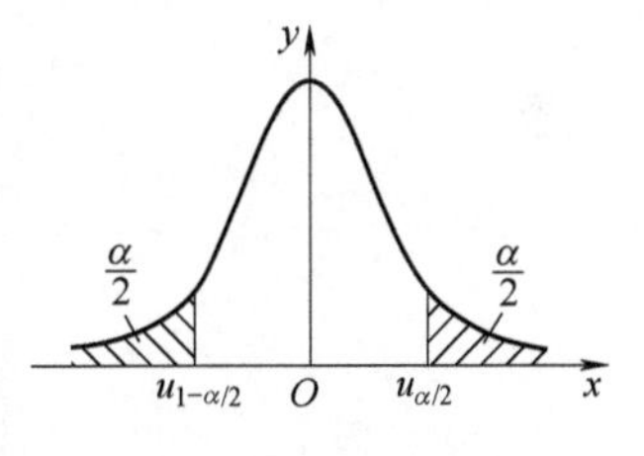

图 3.1.1　标准正态分布双侧 α 分位数示意图

把$\{|u|>1.96\}$表示的区域称为**拒绝域**，记作 W；把$\{|u|\leqslant 1.96\}$表示的区域称为**接受域**，记作 $\overline{W}$. 拒绝域界限的数值，称为**临界值**，本例的临界值为±1.96.

现进行一次抽样后得到的样本均值 $\overline{X}$ 的观测值

$$\bar{x}=\frac{1}{9}(42.0+52.0+\cdots+65.0)\approx 54.94,$$

而统计量 U 相应的观测值 u 为

$$|u|=\left|\frac{\bar{x}-56}{0.9/\sqrt{9}}\right|=\left|\frac{54.94-56}{0.9/\sqrt{9}}\right|=3.53>1.96,$$

因此，不能接受原假设，认为铸件重量的期望值不是 56kg，即车间不能正常生产.

```
例 3.1.1 的 MATLAB 实现
clc
clear all
X=[42.0  52.0  54.0  55.0  55.5  56.5  57.0  57.5  65.0];
n=length(X);
mu0=56;  %检验 mu 是否等于 56
sigma=0.9;
alpha=0.05;
h=ztest(X,mu0,sigma,'Alpha',alpha)
if h==0
   disp('接受 H0')
else
   disp('拒绝 H0')
end
运行结果:
h=
   1
 拒绝 H0
```

一般地，常把 $\alpha=0.05$ 时拒绝 H_0 称为是**显著的**，而把在 $\alpha=0.01$ 时拒绝 H_0 称为是**高度显著的**.

3.1.3 假设检验的基本步骤

从上面的分析中不难发现，假设检验的基本原理就是使用样本观测值进行实际推断. 在这个基本原理的指导下，检验过程有如下步骤：

(1) 建立假设. 根据实际问题提出原假设 H_0 及备择假设 H_1.

(2) 选择合适的检验统计量. 通常情况下，选取在原假设成立的条件下能确定其分布的统计量为检验统计量.

(3) 做出判断. 给定显著性水平 α(一般取 $\alpha=0.01$, 0.05 或 0.10)，在显著性水平为 α 的条件下根据样本计算检验统计量 T 的观测值，根据对应分布的临界值表查找相应的临界值，确定拒绝域 W. 以验证拒绝条件是否成立，如果拒绝条件成立，就拒绝原假设 H_0，否则接受原假设 H_0.

这里需要注意的是备择假设和原假设不总是对立的，但总是互不相容的.

3.1.4 两类错误

当进行检验时，根据样本推断总体. 由于样本具有随机性，我们可能做出正确的判断，也可能不可避免地犯下两类错误.

一类错误是：在原假设成立的情况下，检验统计量的观测值落入了拒绝域 W，因而 H_0 被拒绝了，称这类错误为**第一类错误**或**“弃真”错误**.

犯第一类错误的概率用式子表示为

$$P\{T\in W\mid H_0\text{ 成立}\}=\alpha.$$

这个概率是个小概率，记作 α，也即检验的显著性水平. 需要注意的是，在假设检验中犯第一类错误的概率不超过显著性水平 α.

另一类错误是：在原假设 H_0 不成立的情况下，检验统计量的观测值落入了接受域 $\overline{W}$，因而 H_0 被接受了，称这类错误为**第二类错误**或**“取伪”错误**. 详见表 3.1.1.

犯第二类错误的概率记为

$$P\{T\in\overline{W}\mid H_1\text{ 成立}\}=\beta.$$

表 3.1.1　两类错误

真实情况	判断	
	接受 H_0	拒绝 H_0
H_0 成立	判断正确	第一类错误(弃真)
H_1 成立	第二类错误(取伪)	判断正确

在进行假设检验时，人们自然希望所犯的这两类错误的概率都很小，然而两类错误是相互关联的. 一般来说，当样本容量固定时，犯一类错误概率的减少会导致犯另一类错误概率的增加. 因而要同时降低犯两类错误的概率，或者在保持犯第一类错误的概率不变的条件下降低犯第二类错误的概率，就需要尽可能地使样本容量增大.

3.2 单个正态总体的假设检验

本节讨论单个正态总体的假设检验问题，主要包括已知方差和未知方差检验数学期望，已知期望和未知期望检验方差等几种情况.

3.2.1 单个正态总体期望的检验

1. 总体方差 σ_0^2 已知，检验假设 H_0：$\mu=\mu_0$

设总体 $X\sim N(\mu,\sigma^2)$，其中 $\sigma^2=\sigma_0^2$ 是已知常数，$(X_1,X_2,\cdots,X_n)$是来自于总体 X 的一个样本，现在要检验假设：H_0：$\mu=\mu_0$，H_1：$\mu\neq\mu_0$.

当 H_0 成立时，构造如下形式的检验统计量：

$$U=\frac{\overline{X}-\mu_0}{\sigma_0/\sqrt{n}}\sim N(0,1),$$

给定显著性水平 α，由 $P\{|U|>u_{\alpha/2}\}=\alpha$ 查附表得到 $u_{\alpha/2}$(见图 3.2.1)，故拒绝域 W 为

$$W=\{|U|>u_{\alpha/2}\} \text{或} W=\{U>u_{\alpha/2} \text{或} U<-u_{\alpha/2}\},$$

接受域为 $\overline{W}=\{|U|\leqslant u_{\alpha/2}\}$.

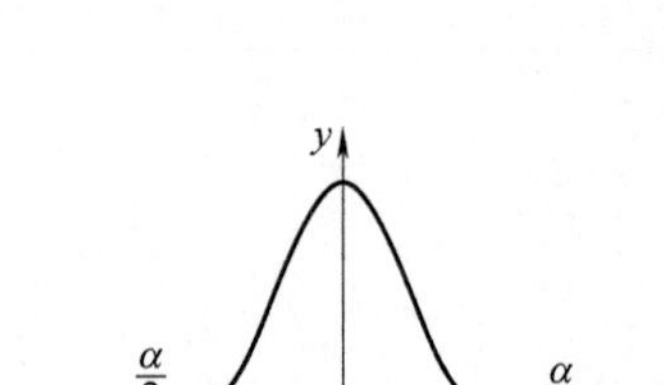

图 3.2.1 标准正态分布双侧 α 分位数示意图

若进行一次试验，将样本观测值 $(x_1,x_2,\cdots,x_n)$ 代入统计量 U. 将计算得到的 U 的观测值 u 与 $u_{\alpha/2}$ 进行比较，若 $|u|>u_{\alpha/2}$，则落入拒绝域 W，说明小概率事件发生，此时不能接受原假设 H_0(或者称拒绝 H_0)；若 $|u|\leqslant u_{\alpha/2}$，则落入接受域 $\overline{W}$，说明小概率事件未发生，则不能拒绝 H_0(或者称接受 H_0). 这种检验方法称为 U **检验法**.

以上检验法中，拒绝域表示为 U 小于一个给定数 $-u_{\alpha/2}$ 或大于另一个给定数 $u_{\alpha/2}$ 的所有数的集合，称为双侧检验.

例 3.2.1 已知矿砂中镍的质量分数服从正态分布 $X\sim N(3.25, 0.01^2)$，某批矿砂的 5 个样品中镍的质量分数经测定为(%)

3.25 3.27 3.24 3.26 3.24

如果总体方差没有变化，能否认为这批矿砂中镍的质量分数仍为 3.25(取 $\alpha=0.05$)?

解 设矿砂中镍的质量分数为 X，则 $X\sim N(3.25,0.01^2)$. 需检验假设

$$H_0: \mu=\mu_0=3.25,\ H_1: \mu\neq 3.25.$$

由题可知，$\bar{x}=3.252$，对于给定的 $\alpha=0.05$，查附表知 $u_{\alpha/2}=u_{0.025}=1.96$，则

$$|u|=\left|\frac{\bar{x}-\mu_0}{\sigma_0/\sqrt{n}}\right|=\left|\frac{3.252-3.25}{0.01/\sqrt{5}}\right|\approx 0.4472<1.96,$$

所以不能拒绝原假设 H_0，认为这批矿砂中镍的质量分数仍为 3.25.

例 3.2.1 的 MATLAB 实现

```
clc
clear all
X=[3.25  3.27  3.24  3.26  3.24];
n=length(X);
mu0=3.25;
sigma=0.01;
alpha=0.05;
h=ztest(X,mu0,sigma,'Alpha',alpha)
```

```
if h==0
   disp('接受 H0')
else
   disp('拒绝 H0')
end
运行结果:
h=
   0
  接受 H0
```

综上，在总体方差已知的情况下，检验总体的均值问题可使用 U 检验法，而在实际问题分析中，往往遇到方差未知的情况，下面介绍当总体方差未知时，均值的检验问题. 事实上，读者可将假设检验中的检验统计量与区间估计中的枢轴量联系起来，不难发现两者之间的对应关系.

上述情况讨论的是总体均值的双侧检验问题，然而在一些实际问题中，人们往往只关心总体均值是否增大或减小. 例如，例 3.2.1中，如果购买矿砂的厂家期望该批矿砂中镍的平均质量分数不能低于 3.25，在其他条件保持不变的情况下，检验假设变为

$$H_0: \mu \geqslant 3.25,\ H_1: \mu < 3.25.$$

经证明，在给定的相同检验水平下，对假设 H_0: $\mu \geqslant \mu_0$, H_1: $\mu<\mu_0$ 和假设 H_0: $\mu=\mu_0$, H_1: $\mu<\mu_0$ 的检验方法是一致的. 因此，该问题中的检验假设可改为

$$H_0: \mu = 3.25,\ H_1: \mu < 3.25.$$

此处仍选择 $U=\dfrac{\overline{X}-\mu_0}{\sigma_0/\sqrt{n}}$ 作为检验统计量，给定显著性水平 α，由 $P\{U<-u_\alpha\}=\alpha$，查附表得到 u_α(见图 3.2.2)，故拒绝域 W 为

$$W=\{U<-u_\alpha\}.$$

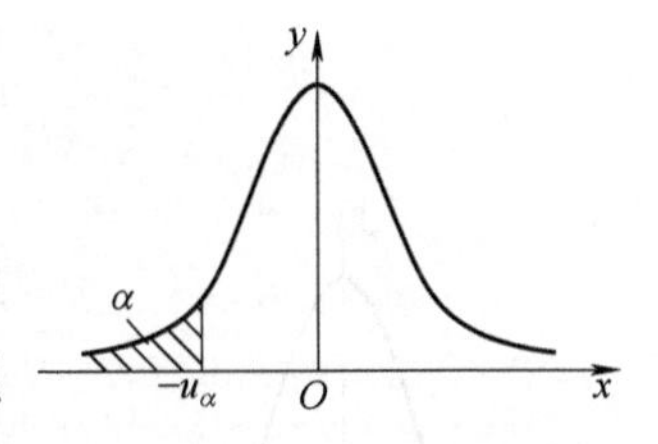

图 3.2.2 标准正态分布左侧 α 分位数示意图

$\alpha=0.05$，查附表知 $-u_\alpha=u_{1-\alpha}=-u_{0.05}=u_{0.95}=-1.65$，将样本观测值代入检验统计量可得

$$u=\frac{\overline{x}-\mu_0}{\sigma_0/\sqrt{n}}=\frac{3.252-3.25}{0.01/\sqrt{5}}\approx 0.4472>-1.65,$$

所以不能拒绝原假设 H_0，认为这批矿砂中镍的质量分数不低于 3.25.

```
例 3.2.1 续例的 MATLAB 实现
clc
clear all
```

```
X=[3.25  3.27  3.24  3.26  3.24];
h=ztest(X,100,2,0.05,'left')  %右侧检验只需将函数中参数
'left'改为'right'即可
if h==0
   disp('接受 H0')
else
   disp('拒绝 H0')
end
运行结果:
h=
   0
 接受 H0
```

这种假设检验称为**左侧检验**，右侧检验原理与左侧类似，包括后面要介绍的方差未知时，均值的单侧检验，以及总体方差的单侧检验，原理均类似，后文不再赘述.

2. 总体方差 σ_0^2 未知，检验假设 H_0：$\mu=\mu_0$

设总体 $X\sim N(\mu,\sigma^2)$，其中 $\sigma^2=\sigma_0^2$ 未知，$(X_1,X_2,\cdots,X_n)$是来自于总体 X 的一个样本，现在要检验假设：H_0：$\mu=\mu_0$，H_1：$\mu\neq\mu_0$.

由于样本方差 $S^2=\frac{1}{n-1}\sum_{i=1}^{n}(X_i-\overline{X})^2$ 是总体方差 σ^2 的无偏估计，故当 H_0 成立时，构造统计量如下：

$$T=\frac{\overline{X}-\mu_0}{S/\sqrt{n}}\sim t(n-1).$$

给定显著性水平 α，由 $P\{|T|>t_{\alpha/2}(n-1)\}=\alpha$ 查附表得到 $t_{\alpha/2}(n-1)$，故拒绝域 W 为

$$W=\{|T|>t_{\alpha/2}(n-1)\}\text{或}W=\{T<-t_{\alpha/2}(n-1)\text{或}T>t_{\alpha/2}(n-1)\}.$$

接受域为 $\overline{W}=\{|T|\leqslant t_{\alpha/2}(n-1)\}$(见图 3.2.3).

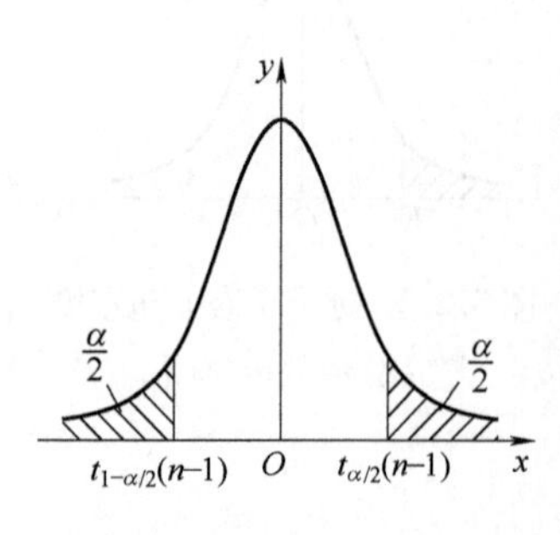

图 3.2.3 t 分布双侧 α 分位数示意图

若进行一次试验，将样本观测值$(x_1,x_2,\cdots,x_n)$代入统计量 T，将计算的 T 的观测值 t 与 $t_{\alpha/2}(n-1)$进行比较，若 $|t|>t_{\alpha/2}(n-1)$，落入拒绝域 W，拒绝原假设 H_0；若 $|t|\leqslant t_{\alpha/2}(n-1)$，落入接受域 $\overline{W}$，接受 H_0. 这种检验方法称为 **T 检验法**.

例 3.2.2 如果一个矩形的宽度与长度的比为黄金比$\frac{1}{2}(\sqrt{5}-1)\approx 0.618$，则称为黄金矩形. 这种尺寸的矩形会使人从视觉效果上感觉良好. 现代的建筑构建、工艺品甚至司机的执照、银行卡等常常会采用黄金矩形. 下面列出某工艺品加工厂随机抽取 20 个矩形

的宽度与长度的比值：

0.693 0.749 0.654 0.670 0.662 0.672 0.615 0.606 0.690 0.628

0.668 0.611 0.606 0.609 0.601 0.553 0.570 0.844 0.576 0.933

设这一工厂生产的矩形的宽度与长度的比值总体服从正态分布 $N(\mu,\sigma^2)$，其中 μ 和 σ^2 均未知，问在检验水平 $\alpha=0.05$ 时，能否认为该厂生产的矩形宽度与长度之比的均值为黄金比？

解 设该厂生产的矩形宽度与长度的比值为 X，则 $X\sim N(0.618,\sigma^2)$. 需检验假设

$$H_0: \mu=0.618,\ H_1: \mu\neq 0.618.$$

经计算，$\bar{x}=0.6605$，$s=0.0925$，对于给定的 $\alpha=0.05$，查附表知 $t_{\alpha/2}(19)=t_{0.025}(19)=2.0930$，则

$$|t|=\left|\frac{\bar{x}-\mu_0}{S/\sqrt{n}}\right|=\left|\frac{0.6605-0.618}{0.0925/\sqrt{20}}\right|=2.0545<2.0930.$$

所以不能拒绝原假设 H_0，认为 $\mu=0.618$，即该厂生产的矩形宽度与长度之比的均值为黄金比.

例 3.2.2 的 MATLAB 实现

```
clc
clear all
X=[0.693 0.749 0.654 0.670 0.662 0.672 0.615 0.606
0.690 0.628 0.668 0.611 0.606 0.609 0.601 0.553 0.570
0.844 0.576 0.933];
n=length(X);
mu0=0.618;
alpha=0.05;
h=ttest(X,mu0,'Alpha',alpha)
if h==0
   disp('接受 H0')
else
   disp('拒绝 H0')
end
```

运行结果：

```
h=
   0
 接受 H0
```

3.2.2 单个正态总体方差的检验

1. 总体期望 μ_0 已知，检验假设 H_0：$\sigma^2=\sigma_0^2$，H_1：$\sigma^2\neq\sigma_0^2$

设总体 $X\sim N(\mu_0,\sigma^2)$，其中 $\mu=\mu_0$ 已知，$(X_1,X_2,\cdots,X_n)$ 是来自总体 X 的一个样本，现在要检验假设：H_0：$\sigma^2=\sigma_0^2$，H_1：$\sigma^2\neq\sigma_0^2$.

当 H_0 成立时，构造统计量

$$\chi^2=\frac{1}{\sigma_0^2}\sum_{i=1}^{n}(X_i-\mu_0)^2=\sum_{i=1}^{n}\left(\frac{X_i-\mu_0}{\sigma_0}\right)^2\sim\chi^2(n),$$

给定显著性水平 α 和自由度 n，可查附表确定临界值 $\chi^2_{1-\alpha/2}(n)$ 和 $\chi^2_{\alpha/2}(n)$，使

$$\begin{aligned}&P\{[\chi^2<\chi^2_{1-\alpha/2}(n)]\cup[\chi^2>\chi^2_{\alpha/2}(n)]\}\\&=P\{\chi^2<\chi^2_{1-\alpha/2}(n)\}+P\{\chi^2>\chi^2_{\alpha/2}(n)\}\\&=\frac{\alpha}{2}+\frac{\alpha}{2}=\alpha,\end{aligned}$$

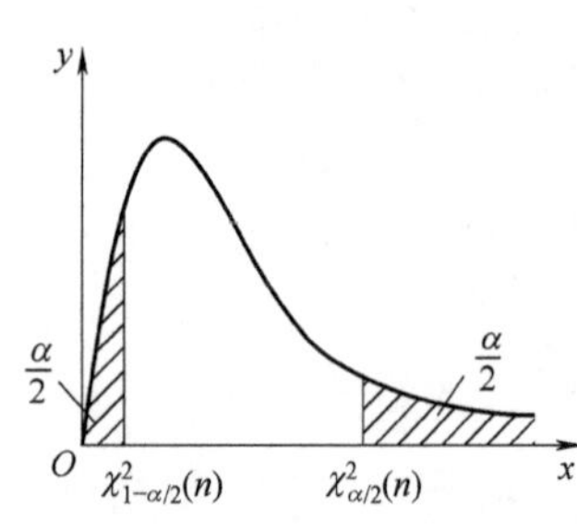

图 3.2.4　χ^2 分布双侧 α 分位数示意图

其中，$\chi^2_{\alpha/2}(n)$ 与 $\chi^2_{1-\alpha/2}(n)$ 为双侧临界值，故拒绝域为 $W=\{\chi^2<\chi^2_{1-\alpha/2}(n)$ 或 $\chi^2>\chi^2_{\alpha/2}(n)\}$，接受域为 $\overline{W}=\{\chi^2_{1-\alpha/2}(n)<\chi^2<\chi^2_{\alpha/2}(n)\}$(见图 3.2.4).

若进行一次试验，将样本观测值$(x_1,x_2,\cdots,x_n)$代入统计量 χ^2，将计算的 χ^2 的观测值分别与左右两侧临界值进行比较，若 $\chi^2<\chi^2_{1-\alpha/2}(n)$ 或 $\chi^2>\chi^2_{\alpha/2}(n)$，则落入拒绝域 W，拒绝原假设 H_0；反之，则接受 H_0. 这种检验方法称为 χ^2 **检验法**.

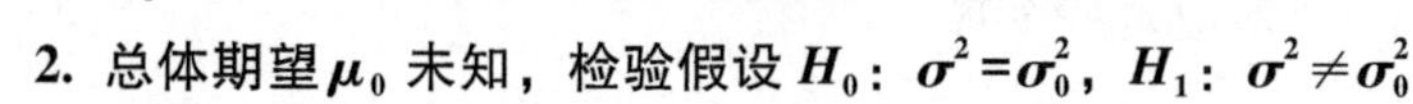

2. 总体期望 μ_0 未知，检验假设 H_0：$\sigma^2=\sigma_0^2$，H_1：$\sigma^2\neq\sigma_0^2$

设总体 $X\sim N(\mu_0,\sigma^2)$，其中 $\mu=\mu_0$ 未知，$(X_1,X_2,\cdots,X_n)$ 是来自于总体 X 的一个样本，现在要检验假设：H_0：$\sigma^2=\sigma_0^2$，H_1：$\sigma^2\neq\sigma_0^2$.

由于样本均值 $\overline{X}$ 是总体期望 μ 的无偏估计，故当 H_0 成立时，可构造如下检验统计量：

$$\chi^2=\frac{1}{\sigma_0^2}\sum_{i=1}^{n}(X_i-\overline{X})^2=\frac{(n-1)S^2}{\sigma_0^2}\sim\chi^2(n-1).$$

对于给定的显著性水平 α 和自由度 n，可查附表确定临界值 $\chi^2_{1-\alpha/2}(n-1)$ 和 $\chi^2_{\alpha/2}(n-1)$，使

$$\begin{aligned}&P\{[\chi^2<\chi^2_{1-\alpha/2}(n-1)]\cup[\chi^2>\chi^2_{\alpha/2}(n-1)]\}\\&=P\{\chi^2<\chi^2_{1-\alpha/2}(n-1)\}+P\{\chi^2>\chi^2_{\alpha/2}(n-1)\}\\&=\frac{\alpha}{2}+\frac{\alpha}{2}=\alpha.\end{aligned}$$

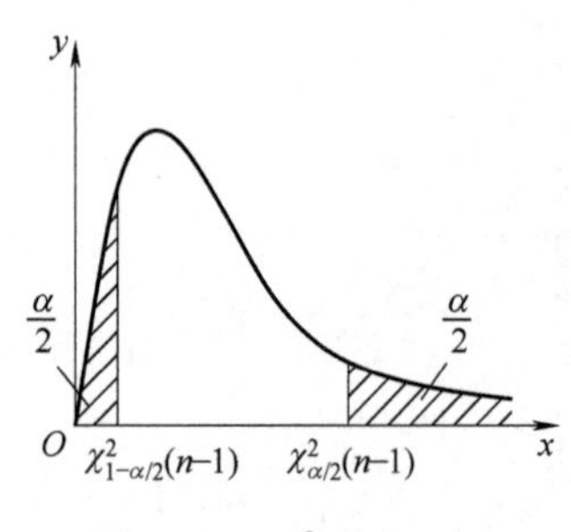

图 3.2.5　χ^2 分布双侧 α 分位数示意图

类似于总体期望已知的情况，其拒绝域 W 为 $W=\{\chi^2<\chi^2_{1-\alpha/2}(n-1)$ 或 $\chi^2>\chi^2_{\alpha/2}(n-1)\}$，如图 3.2.5 所示.

以上检验方法称为 χ^2 **检验法**.

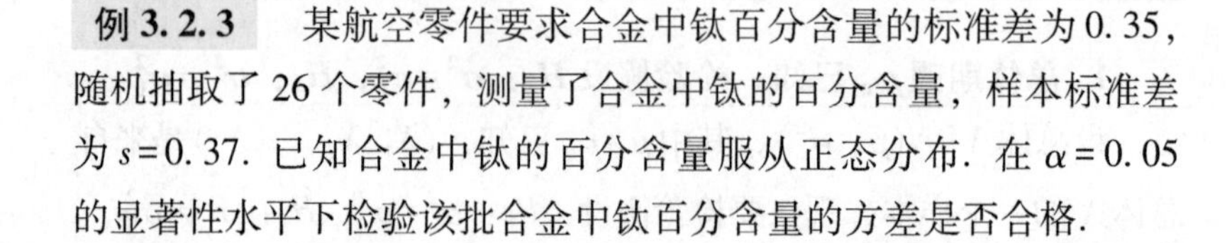

例 3.2.3　某航空零件要求合金中钛百分含量的标准差为 0.35，随机抽取了 26 个零件，测量了合金中钛的百分含量，样本标准差为 $s=0.37$. 已知合金中钛的百分含量服从正态分布. 在 $\alpha=0.05$ 的显著性水平下检验该批合金中钛百分含量的方差是否合格.

解　设 X 为合金中钛百分含量，且 $X\sim N(\mu,\sigma^2)$. 设

$$H_0: \sigma^2=\sigma_0^2=0.35,\ H_1: \sigma^2\neq\sigma_0^2,$$

根据已知条件，μ 未知，用 χ^2 检验法. 当 $\alpha=0.05$，$n=26-1=25$ 时，查 χ^2 分布的临界值表知

$$\chi^2_{0.975}(25)=13.120,\ \chi^2_{0.025}(25)=40.646,$$

则

$$\chi^2=\frac{(n-1)S^2}{\sigma_0^2}=\frac{(26-1)\times0.37^2}{0.35^2}=27.9388,$$

因为 $13.120<27.9388<40.646$，落入接受域，所以不能拒绝原假设 H_0，即该批合金中钛百分含量的方差是合格的.

```
例 3.2.3 的 MATLAB 实现
clc
clear all
n=26;
sig=0.35;
s=0.37;
alpha=0.05;
L=1-alpha/2;
R=alpha/2;
chi2L=chi2inv(L,n);
chi2R=chi2inv(R,n);
chi2=(n-1)*s^2/(sig^2);
if chi2L<chi2<chi2R
   disp('接受 H0')
else
   disp('拒绝 H0')
end
运行结果:
chi2=
   27.9388
  接受 H0
```

3.3　两个正态总体参数的假设检验

上节主要讨论了单个正态总体的每个参数的假设检验问题. 基于同样的思维逻辑和步骤，本节将讨论如何检验两个正态总体均值和方差的差异性，等价于两个正态变量均值差和方差比的假设检验. 问题的关键依然是正确提出检验假设，选择恰当的检验统计量，然后根据检验统计量的概率分布求出原假设的拒绝域. 下面各小节分别讲述不同情况的具体假设检验方法.

3.3.1 两个正态总体均值差的检验

设总体 $X\sim N(\mu_1,\sigma_1^2)$，$Y\sim N(\mu_2,\sigma_2^2)$，$(X_1,X_2,\cdots,X_m)$ 和 $(Y_1,Y_2,\cdots,Y_n)$ 是分别来自于总体 X 和 Y 的两个简单随机样本，且相互独立. 记 $\overline{X}=\frac{1}{m}\sum_{i=1}^{m}X_i$ 和 $\overline{Y}=\frac{1}{n}\sum_{i=1}^{n}Y_i$ 分别为两个简单随机样本的样本均值，$S_1^2=\frac{1}{m-1}\sum_{i=1}^{m}(X_i-\overline{X})^2$，$S_2^2=\frac{1}{n-1}\sum_{i=1}^{n}(Y_i-\overline{Y})^2$ 分别为样本方差. 考虑如下检验问题：

$$H_0:\ \mu_1=\mu_2;\ H_1:\ \mu_1\neq\mu_2, \tag{3.3.1}$$

$$H_0:\ \mu_1\leqslant\mu_2;\ H_1:\ \mu_1>\mu_2, \tag{3.3.2}$$

$$H_0:\ \mu_1\geqslant\mu_2;\ H_1:\ \mu_1<\mu_2. \tag{3.3.3}$$

1. 方差 σ_1^2，σ_2^2 已知

检验 μ_1 与 μ_2 的关系等价于检验 $\mu_1-\mu_2$ 与 0 的关系，由两个正态总体的样本 $(X_1,X_2,\cdots,X_m)$ 和 $(Y_1,Y_2,\cdots,Y_n)$ 的独立性，易得 $\mu_1-\mu_2$ 的点估计 $\overline{X}-\overline{Y}\sim N\left(\mu_1-\mu_2,\frac{\sigma_1^2}{m}+\frac{\sigma_2^2}{n}\right)$.

采用 U 检验方法，构造统计量

$$U=\frac{\overline{X}-\overline{Y}}{\sqrt{\frac{\sigma_1^2}{m}+\frac{\sigma_2^2}{n}}}$$

在 $\mu_1=\mu_2$ 时，$U\sim N(0,1)$. 对于给定的显著性水平 α，由 $P\{|U|\geqslant u_{\alpha/2}\}=\alpha$ 查标准正态分布的临界值表得到 $u_{\alpha/2}$. 检验的拒绝域取决于备择假设.

对于假设(3.3.1)，检验的拒绝域 W 为

$$W=\{|U|\geqslant u_{\alpha/2}\} \tag{3.3.4}$$

对于假设(3.3.2)，检验的拒绝域 W 为

$$W=\{U\geqslant u_{\alpha}\}; \tag{3.3.5}$$

对于假设(3.3.3)，检验的拒绝域 W 为

$$W=\{U\leqslant -u_{1-\alpha}\}. \tag{3.3.6}$$

例 3.3.1 设甲、乙两厂生产同样的灯泡，其寿命 X，Y 分别服从正态分布 $N(\mu_1,\sigma_1^2)$，$N(\mu_2,\sigma_2^2)$，已知它们寿命的标准差分别为 84h 和 96h，现从两厂生产的灯泡中各取 60 只，测得平均寿命甲厂为 1295h，乙厂为 1230h，能否认为在 $\alpha=0.05$ 水平下，两厂生产的灯泡寿命无显著差异?

解 (1) 建立假设 H_0：$\mu_1=\mu_2$；H_1：$\mu_1\neq\mu_2$.

（2）选择统计量

$$|U|=\left|\frac{1295-1230}{\sqrt{84^2/60+96^2/60}}\right|=3.94.$$

（3）对于给定的显著性水平 $\alpha=0.05$，查附表得 $u_{\alpha/2}=1.96$，而 $|U|>u_{\alpha/2}$，落入拒绝域，故拒绝原假设 H_0，认为两厂生产的灯泡寿命有显著差异.

```
例 3.3.1 的 MATLAB 实现
clc
clear all
Xm=1295;
Ym=1230;
n1=60;
n2=60;
sig1=84;
sig2=96;
U=(Xm-Ym)/sqrt(sig1^2/n1+sig2^2/n2)
alpha=0.05;
U0=norminv(1-alpha/2,0,1)
if abs(U)<=U0
    disp('接受 H0')
else
    disp('拒绝 H0')
end
运行结果:
U=
    3.9470
U0=
    1.9600
拒绝 H0
```

2. 方差 $\sigma_1^2=\sigma_2^2=\sigma^2$，且 σ^2 未知

与前面类似，检验 μ_1 与 μ_2 的关系等价于检验 $\mu_1-\mu_2$ 与 0 的关系，由于 σ^2 未知，故两样本均值之差 $\overline{X}-\overline{Y}$ 的概率分布无法求解，由于样本方差 S^2 是总体方差 σ^2 的无偏估计，用 $S^2=\frac{(m-1)S_1^2+(n-1)S_2^2}{m+n-2}$ 代替 σ^2. 因此构造统计量

$$T=\frac{\overline{X}-\overline{Y}}{S\sqrt{\frac{1}{m}+\frac{1}{n}}}.$$

在 $\mu_1=\mu_2$ 时，$T\sim t(m+n-2)$. 对于给定的显著性水平 α，由 $P\{|T|>t_{\alpha/2}(m+n-2)\}=\alpha$ 查 t 分布的临界值表得到 $t_{\alpha/2}(m+n-2)$. 检

验的拒绝域取决于备择假设.

对于假设(3.3.1)，检验的拒绝域 W 为

$$W=\{|T|\geqslant t_{\alpha/2}(m+n-2)\}; \tag{3.3.7}$$

对于假设(3.3.2)，检验的拒绝域 W 为

$$W=\{T\geqslant t_{\alpha}(m+n-2)\}; \tag{3.3.8}$$

对于假设(3.3.3)，检验的拒绝域 W 为

$$W=\{T\leqslant -t_{\alpha}(m+n-2)\}. \tag{3.3.9}$$

例 3.3.2 用老材料和新材料分别生产同一种电器元件，各取一些样品做疲劳寿命(单位：h)试验，测得数据如下：

原材料：40　110　150　65　90　210　270

新材料：60　150　220　310　380　350　250　450　110　175

根据经验，材料的疲劳寿命服从对数正态分布，且假定原材料疲劳寿命取对数(以 10 为底)与新材料疲劳寿命的对数有相同的方差，问二者的疲劳寿命有无显著差异(显著性水平 $\alpha=0.1$)？

解 将原始数据取对数可得

原材料：1.602　2.041　2.176　1.813　1.954　2.322　2.431

新材料：1.778　2.176　2.342　2.491　2.580　2.544　2.398　2.653　2.041　2.243

由题设知 $m=7,\ n=10,\ \alpha=0.1.$

则 $\bar{x}=2.0484,\ \bar{y}=2.3246,\ s_1^2=0.0835,\ s_2^2=0.073667,$

$$s^2=\frac{(m-1)s_1^2+(n-1)s_2^2}{m+n-2}=\frac{0.501+0.663}{7+10-2}=0.0776,$$

由此便可计算出

$$t=\frac{\bar{x}-\bar{y}}{s\sqrt{\frac{1}{m}+\frac{1}{n}}}=\frac{2.0484-2.3246}{\sqrt{0.0776}\sqrt{\frac{1}{7}+\frac{1}{10}}}=-2.01,$$

给定显著性水平 $\alpha=0.1$，查附表得 $t_{\alpha/2}(m+n-2)=t_{0.05}(15)=1.7531$.

因为 $|t|=2.01>1.7531$，落入拒绝域，故拒绝原假设 H_0，即认为这两种材料的疲劳寿命有显著差异.

例 3.3.2 的 MATLAB 实现

```
clc
clear all
X=[1.602  2.041  2.176  1.813  1.954  2.322  2.431];
Y=[1.778  2.176  2.342  2.491  2.580  2.544  2.398  2.653
2.041  2.243];
[h,p,ci]=ttest2(X,Y,0.05,-1)
```

```
运行结果:
h=
  1
p=
  0.0313
ci=
  -Inf  -0.0355
拒绝 H0
```

3.3.2 两个正态总体方差比的检验

设总体 $X\sim N(\mu_1,\sigma_1^2)$，$Y\sim N(\mu_2,\sigma_2^2)$，$(X_1,X_2,\cdots,X_m)$和$(Y_1,Y_2,\cdots,Y_n)$是分别来自于总体 X 和 Y 的两个简单随机样本，且相互独立. 记 $\overline{X}=\frac{1}{m}\sum_{i=1}^{m}X_i$ 和 $\overline{Y}=\frac{1}{n}\sum_{i=1}^{n}Y_i$ 分别为两个简单随机样本的样本均值，$S_1^2=\frac{1}{m-1}\sum_{i=1}^{m}(X_i-\overline{X})^2$，$S_2^2=\frac{1}{n-1}\sum_{i=1}^{n}(Y_i-\overline{Y})^2$ 分别为样本方差. 考虑如下检验问题：

$$H_0:\ \sigma_1^2=\sigma_2^2;\ H_1:\ \sigma_1^2\neq\sigma_2^2, \tag{3.3.10}$$

$$H_0:\ \sigma_1^2\leqslant\sigma_2^2;\ H_1:\ \sigma_1^2>\sigma_2^2, \tag{3.3.11}$$

$$H_0:\ \sigma_1^2\geqslant\sigma_2^2;\ H_1:\ \sigma_1^2<\sigma_2^2. \tag{3.3.12}$$

检验 σ_1^2 与 σ_2^2 的关系等价于检验$\frac{\sigma_1^2}{\sigma_2^2}$与 1 的关系，这里只讨论总体期望$\mu_1,\mu_2$ 未知的情况. μ_1,μ_2 已知的情况，感兴趣的读者可自行完成.

由于样本方差 $S_1{}^2$ 是总体方差 σ_1^2 的无偏估计，样本方差 S_2^2 是总体方差 σ_2^2 的无偏估计，且 $S_1^2=\frac{1}{n_1-1}\sum_{i=1}^{n_1}(X_i-\overline{X})^2$，$S_2^2=\frac{1}{n_2-1}\sum_{j=1}^{n_2}(Y_j-\overline{Y})^2$，可构造如下检验统计量：

$$F=\frac{S_1^2}{S_2^2},$$

在原假设 H_0：$\sigma_1^2=\sigma_2^2$ 成立的条件下，$F\sim F(m-1,n-1)$. 对于给定的显著性水平 α，查 F 分布的临界值表得 $F_{\alpha/2}(m-1,n-1)$. 检验的拒绝域取决于备择假设.

对于假设(3.3.10)，检验的拒绝域 W 为

$$W=\{F\leqslant F_{1-\alpha/2}(m-1,\ n-1)\text{或}F\geqslant F_{\alpha/2}(m-1,\ n-1)\}; \tag{3.3.13}$$

对于假设(3.3.11)，检验的拒绝域 W 为

$$W=\{F\geqslant F_{\alpha}(m-1,\ n-1)\}; \tag{3.3.14}$$

对于假设(3.3.12)，检验的拒绝域 W 为

$$W=\{F\leqslant F_{1-\alpha}(m-1,n-1)\}. \tag{3.3.15}$$

例 3.3.3 在例 3.3.2 中，问原材料与新材料的疲劳寿命的方差是否相等?

解 设 H_0: $\sigma_1^2=\sigma_2^2$, H_1: $\sigma_1^2\neq\sigma_2^2$,

且 $m=7$, $n=10$, $S_1^2=0.0835$, $S_2^2=0.073667$, $F=\dfrac{S_1^2}{S_2^2}=1.1335$,

取 $\alpha=0.05$，则 $\dfrac{\alpha}{2}=0.025$，查找 F 分布的临界值表得

$$F_{\alpha/2}(m-1,n-1)=F_{0.025}(6,9)=4.32,$$

$$\frac{1}{F_{1-\alpha/2}(m-1,n-1)}=F_{\alpha/2}(n-1,m-1)=F_{0.025}(9,6),$$

$$F_{1-\alpha/2}(m-1,n-1)=F_{0.975}(6,9)=\frac{1}{5.52}=0.1812,$$

因为 $F_{0.975}(6,9)<F<F_{0.025}(6,9)$，落入接受域，故接受原假设 H_0，即认为原材料与新材料的疲劳寿命的方差相等.

```
例 3.3.3 的 MATLAB 实现
clc
clear all
X=[1.602  2.041  2.176  1.813  1.954  2.322  2.431];
Y=[1.778  2.176  2.342  2.491  2.580  2.544  2.398  2.653
2.041  2.243];
alpha=0.05;
h=vartest2(X,Y,'Alpha',alpha)
if h==0
   disp('接受 H0')
else
   disp('拒绝 H0')
end
运行结果:
h=
     0
接受 H0
```

3.4 总体分布的假设检验

前几节介绍的假设检验，几乎都假定了总体服从正态分布，然后对其参数(期望、方差等)进行假设检验，这类检验通常称为参数假设检验. 然而实际中，总体的分布类型往往是未知的，这

就需要我们根据样本对总体的分布进行假设检验，这就是总体分布的假设检验，称为非参数假设检验. 解决这类问题的常用方法是由英国统计学家皮尔逊(Pearson)在1900年提出的χ^2检验法和柯尔莫哥洛夫(Kolmogorov)检验.

3.4.1 χ^2拟合检验

1. 不含未知参数的总体分布的检验

设X为一总体，其分布函数为$F(x)$，且未知，$F_0(x)$为某一已知类型总体的分布函数，$(X_1,X_2,\cdots,X_n)$为来自于总体X的一个样本，我们要检验假设

$$H_0: F(x)=F_0(x); \ H_1: F(x)\neq F_0(x), \qquad (3.4.1)$$

其中设$F_0(x)$不含未知参数.

若总体X是离散型随机变量，则原假设H_0：$P\{X=k\}=p_k$，$k=1,2,\cdots$，其中$P\{X=k\}$为随机变量X的分布律，p_k为某一已知类型总体的分布律.

若总体X为连续型随机变量，则原假设H_0：$f(x)=f_0(x)$，其中$f(x)$为随机变量X的概率密度函数，$f_0(x)$为某一已知类型总体的概率密度函数.

针对$F_0(x)$的不同类型有不同的检验方法，一般采用皮尔逊χ^2检验法，也称为拟合优度检验法.

拟合优度检验法就是设法确定一个能刻画观测数据X_1，$X_2,\cdots,X_n$与理论分布$F_0(x)$之间拟合程度的量，即“拟合优度”，当这个量超过某个界限时，说明拟合程度不高，应拒绝H_0，否则接受H_0.

将随机试验的全体结果分为r个互斥的事件$A_1,A_2,\cdots,A_r$. 在原假设H_0成立的条件下，记$P(A_k)=p_k$，$k=1,2,\cdots,r$，在n次试验中A_k出现的频数n_k称为**实际频数**，则$\frac{n_k}{n}$为**实际频率**. 一般来说，理论概率p_k与实际频率$\frac{n_k}{n}$是有差异的，但如果原假设H_0成立，且试验的次数又甚多时，这种差异不应太大，即$\left(p_k-\frac{n_k}{n}\right)^2$不会太大. 因此可利用$\left(p_k-\frac{n_k}{n}\right)^2$或$(np_k-n_k)^2$构造检验统计量，并确定拒绝域. 基于这种思想，皮尔逊于1900年提出了检验统计量

$$\chi^2=\sum_{k=1}^{r}\frac{(n_k-np_k)^2}{np_k}, \qquad (3.4.2)$$

其中，n_k 为实际频数；p_k 为理论概率；n 为试验次数.

统计学家费希尔(Fisher)于 1924 年证明了结论：当 n 充分大时，在 H_0 成立的条件下，

$$\chi^2=\sum_{k=1}^{r}\frac{(n_k-np_k)^2}{np_k}\sim\chi^2(r-1),$$

其中，r 为随机变量 X 取值的个数，$r-1$ 为自由度. 如果 X 为连续型随机变量，则 r 为分组的组数，n_k 为落入第 k 组的样本数据的个数，p_k 为落入第 k 组的概率(由假定总体的分布可以计算出来).

因此，对假设检验(3.4.1)，当样本容量 n 充分大时，检验统计量选择为式(3.4.2)，拒绝域为

$$W=\{\chi^2>\chi^2_\alpha(r-1)\},\tag{3.4.3}$$

其中，α 为显著性水平.

注：在使用皮尔逊 χ^2 检验法时，要求 $n\geqslant 50$，以及每个理论频数 $np_k\geqslant 5(k=1,2,\cdots,r)$，否则应适当地合并相邻的小区间，使 np_k 满足要求.

χ^2 拟合检验的基本步骤如下：

(1) 提出原假设：

$$H_0: F(x)=F_0(x),$$

其中设 $F_0(x)$ 不含未知参数. 若总体 X 是离散型随机变量，则原假设 H_0：$P\{X=k\}=p_k$，$k=1,2,\cdots$，其中 $P\{X=k\}$ 为随机变量 X 的分布律，p_k 为某一已知类型总体的分布律；若总体 X 为连续型随机变量，则原假设 H_0：$f(x)=f_0(x)$，其中 $f(x)$ 为随机变量 X 的概率密度函数，$f_0(x)$ 为某一已知类型总体的概率密度函数.

(2) 将总体 X 分为 r 组互不相交的小区间(一般取 $7\leqslant r\leqslant 14$)：$(-\infty,a_1),(a_1,a_2),\cdots,(a_{r-1},+\infty)$，使得每个区间 (a_{k-1},a_k) 内样本数据的个数 $n_k\geqslant 5$，$k=1,2,\cdots,r$.

(3) 计算出样本数据落入第 k 组的个数，得到实际频数 n_k，$k=1,2,\cdots,r$.

(4) 在原假设 H_0 成立的条件下，根据所假设的总体理论分布可求出.

$$p_k=P\{a_{k-1}<X\leqslant a_k\}=F(a_k)-F(a_{k-1}).$$

(5) 计算统计量的值. 对给定显著性水平 α，由 $P\{\chi^2>\chi^2_\alpha(r-1)\}=\alpha$，通过查找 χ^2 分布的临界值表得 $\chi^2_\alpha(r-1)$，判断其是否落入拒绝域 $W=\{\chi^2>\chi^2_\alpha(r-1)\}$ 中，进而确定接受或者拒绝原假设.

例 3.4.1 开奖机中有编号为 1，2，3，4 的四种奖球，在过去已经开出的 100 个号码中，出现号码 1，2，3，4 的次数依次为 36

次，27次，22次和15次，问：这台开奖机开出各种号码的概率是否相等(显著性水平 $\alpha=0.05$)？

解 开奖机开出的号码可以看作一个总体 ξ，问题相当于要检验假设

$$H_0：\xi\sim P\{\xi=k\}=\frac{1}{4},\ k=1,2,3,4.$$

给出分点 $0.5<1.5<2.5<3.5<4.5$，把 ξ 的取值范围分成下列4个区间：

$$(k-0.5,k+0.5],k=1,2,3,4.$$

H_0 为真时，ξ 落在各区间中的概率为

$$p_k=P\{k-0.5<\xi\leqslant k+0.5\}=P\{\xi=k\}=\frac{1}{4},k=1,2,3,4.$$

频率频数见表3.4.1.

表3.4.1 频率频数表

区间	(0.5,1.5]	(1.5,2.5]	(2.5,3.5]	(3.5,4.5]
频数 n_k	36	27	22	15
频率 p_k	$\frac{1}{4}$	$\frac{1}{4}$	$\frac{1}{4}$	$\frac{1}{4}$

$$\chi^2=\frac{1}{n}\sum_{k=1}^{r}\frac{n_k^2}{p_k}-n=\frac{1}{100}\times\left(\frac{36^2}{1/4}+\frac{27^2}{1/4}+\frac{22^2}{1/4}+\frac{15^2}{1/4}\right)-100=9.36,$$

对显著性水平 $\alpha=0.05$，查 χ^2 分布表，得 $\chi^2_\alpha(r-1)=\chi^2_{0.05}(3)=7.815$. 由于

$$\chi^2=9.36>7.815，拒绝\ H_0：\xi\sim P\{\xi=k\}=\frac{1}{4},\ k=1,2,3,4.$$

所以，这台开奖机开出各种号码的概率并不相等.

例3.4.1的MATLAB实现

```
clc
x=[1 1 1 1 1 1 1 1 1 1...
1 1 1 1 1 1 1 1 1 1...
1 1 1 1 1 1 1 1 1 1...
1 1 1 1 1 1 2 2 2 2...
2 2 2 2 2 2 2 2 2 2...
2 2 2 2 2 2 2 2 2 2  ...
2 2 2 3 3 3 3 3 3 3...
3 3 3 3 3 3 3 3 3 3...
3 3 3 3 3 4 4 4 4 4...
4 4 4 4 4 4 4 4 4 4];
mm=minmax(x);
```

```
hist(x,4);%画直方图
fi=[length(find(x<0.5)),...
length(find(x>=0.5&x<1.5)),...
length(find(x>=1.5&x<2.5)),...
length(find(x>=2.5&x<3.5)),...
length(find(x>=3.5&x<4.5)),...
length(find(x>=4.5))];
mu=mean(x);sigma=std(x);
fendian=[1,2,3,4];%区间的分点
p1=1/4; %中间各区间的概率
chi=(fi).^2./(p1);
chisum=(1/100)*sum(chi)-100 %皮尔逊统计量的值
x_a=chi2inv(0.95,3) %chi2 分布的 0.95 分位数
运行结果:
chisum=
   9.3600
x_a=
   7.8147
```

2. 含有未知参数的总体分布的检验

设 X 为一总体，其分布函数为 $F(x,\theta_1,\theta_2,\cdots,\theta_m)$，且未知，$F_0(x,\theta_1,\theta_2,\cdots,\theta_m)$为某一已知类型总体的分布函数，$(X_1,X_2,\cdots,X_n)$为来自于总体 X 的一个样本，我们要检验假设

$$H_0:\ F(x,\theta_1,\theta_2,\cdots,\theta_m)=F_0(x,\theta_1,\theta_2,\cdots,\theta_m);\ H_1:\ F(x,\theta_1,\theta_2,\cdots,\theta_m)\neq F_0(x,\theta_1,\theta_2,\cdots,\theta_m),\tag{3.4.4}$$

其中设 $F_0(x)$含有 m 个未知参数 $\theta_1,\theta_2,\cdots,\theta_m$.

此类情况可按如下步骤进行检验:

(1) 利用样本 $X_1,X_2,\cdots,X_n$，求出 $\theta_1,\theta_2,\cdots,\theta_m$的极大似然估计 $\hat{\theta}_1,\hat{\theta}_2,\cdots,\hat{\theta}_m$.

(2) 在 $F(x,\theta_1,\theta_2,\cdots,\theta_m)$中用 $\hat{\theta}_i$ 代替 $\theta_i(i=1,2,\cdots,r)$，则 $F(x,\theta_1,\theta_2,\cdots,\theta_m)$就变成完全已知的分布函数 $F(x,\hat{\theta}_1,\hat{\theta}_2,\cdots,\hat{\theta}_m)$.

(3) 计算 p_k 时，利用 $F(x,\hat{\theta}_1,\hat{\theta}_2,\cdots,\hat{\theta}_m)$，计算 p_k 的估计值 $\hat{p}_k(k=1,2,\cdots,m)$.

(4) 计算统计量

$$\chi^2=\sum_{k=1}^{r}\frac{(n_k-n\hat{p}_k)^2}{n\hat{p}_k}\sim\chi^2(r-m-1).$$

(5) 对给定的显著性水平 α，得拒绝域

$$W=\{\chi^2>\chi^2_\alpha(r-m-1)\}.$$

例 3.4.2 为检验棉纱的拉力强度(单位：Pa)X 是否服从正态分布，从一批棉纱中随机抽取 300 条进行拉力试验，结果见

表3.4.2.

表3.4.2　棉纱拉力试验数据

i	x	f_i	i	x	f_i
1	0.50~0.64	1	8	1.48~1.62	53
2	0.64~0.78	2	9	1.62~1.76	25
3	0.78~0.92	9	10	1.76~1.90	19
4	0.92~1.06	25	11	1.90~2.04	16
5	1.06~1.20	37	12	2.04~2.18	3
6	1.20~1.34	53	13	2.18~2.38	1
7	1.34~1.48	56			

问：棉纱的拉力强度 X 是否在显著性水平 $\alpha=0.05$ 下服从正态分布？

解　上述问题是检验假设 H_0：$X\sim N(\mu,\sigma^2)$. 步骤如下：

(1) 将观测值 x_i 分成14组：

$$(a_0,a_1],(a_1,a_2],\cdots,(a_{11},a_{12}],(a_{12},a_{13}],(a_{13},a_{14}].$$

这里 $a_0=0$，$a_1=0.5$，$a_2=0.64$，$a_3=0.78$，$\cdots$，$a_{14}=2.38$（见表3.4.3）.

(2) 计算理论频数 n_k. 这里 $F(x)$ 是正态分布 $N(\mu,\sigma^2)$ 的分布函数，含有两个未知数 μ 和 σ^2，分别用它们的极大似然估计 $\hat{\mu}=\overline{X}$，$\hat{\sigma}^2=\frac{1}{n}\sum_{i=1}^{n}(X_i-\overline{X})^2$ 来代替. 而对于 $\overline{X}$，因为拉力数据表中的每个区间都很狭窄，可认为每个区间内 X_i 都取这个区间的中点，然后将每个区间的中点值乘以该区间的样本数，将这些值相加再除以总样本数就得具体样本均值 $\overline{X}$，计算得 $\hat{\mu}=1.41$，$\hat{\sigma}^2=0.26^2$.

(3) 计算 $x_1,x_2,\cdots,x_{300}$ 中落在每个区间的实际频数 n_k，见表3.4.3.

表3.4.3　棉纱拉力数据的频率频数表

X	n_k	$\hat{p}_k$	$n\hat{p}_k$	$n_k-n\hat{p}_k$
0~0.5	0	0.0012	0.0000	0.0000
0.5~0.64	1	0.0038	0.0038	0.9962
0.64~0.78	2	0.0127	0.0253	1.9747
0.78~0.92	9	0.0713	0.6413	8.3587
0.92~1.06	25	0.1220	3.0491	21.9509
1.06~1.20	37	0.1679	6.2141	30.7859
1.20~1.34	53	0.1861	9.8610	43.1390
1.34~1.48	56	0.1658	9.2861	46.7139

(续)

X	n_k	$\hat{p}_k$	$n\hat{p}_k$	$n_k-n\hat{p}_k$
1.48 ~1.62	53	0.1189	6.3015	46.6985
1.62~1.76	25	0.0686	1.7145	23.2855
1.76~1.90	19	0.0318	0.6046	18.3954
1.90~2.04	16	0.0119	0.1900	15.8100
2.04~2.18	3	0.0041	0.0123	2.9877
2.18~2.38	1	0.0005	0.0005	0.9995

(4) 计算统计量$\chi^2=\sum_{k=1}^{r}\frac{(n_k-n\hat{p}_k)^2}{n\hat{p}_k}=90.6523$，又 $r=10, m=2$，故自由度为 $10-2-1=7$，查表得$\chi^2_{0.01}(7)=18.475<90.6523$，故拒绝原假设，即认为棉纱拉力强渡不服从正态分布.

例 3.4.2 的 MATLAB 实现

```
clc
clear all
x=xlsread('Data3_4_2.xlsx');
mm=minmax(x);
hist(x,13);%画直方图
xlabel('区间','FontSize',16)
ylabel('频数','FontSize',16)
fi=[length(find(x<0.5)),...
    length(find(x>=0.5&x<0.64)),...
    length(find(x>=0.64&x<0.78)),...
    length(find(x<0.78)),...
    length(find(x>=0.78&x<0.92)),...
    length(find(x>=0.92&x<1.06)),...
    length(find(x>=1.06&x<1.20)),...
    length(find(x>=1.20&x<1.34)),...
    length(find(x>=1.34&x<1.48)),...
    length(find(x>=1.48&x<1.62)),...
    length(find(x>=1.62&x<1.76)),...
    length(find(x>=1.76&x<1.9)),...
    length(find(x>=1.9&x<2.04)),...
    length(find(x>=2.04&x<2.18)),...
    length(find(x>=2.18&x<2.38))];%各区间上出现的频数
mu=mean(x);sigma=std(x);
fendian=[0.5,0.64,0.78,0.92,1.06,1.20,1.34,1.48,1.62,1.76,
1.90,2.04,2.18,2.38];
p0=normcdf(fendian,mu,sigma);%分点处分布函数的值
p1=diff(p0); %中间各区间的概率
p=[p0(1),p1,1-p0(end)]%所有区间的概率
```

```
sum(p)
chi=(fi-300*p).^2./(300*p);
chisum=sum(chi) %皮尔逊统计量的值
x_a=chi2inv(0.99,7)
运行结果：
chisum=
  90.6523
x_a=
  18.4753
```

频数直方图如图 3.4.1 所示。

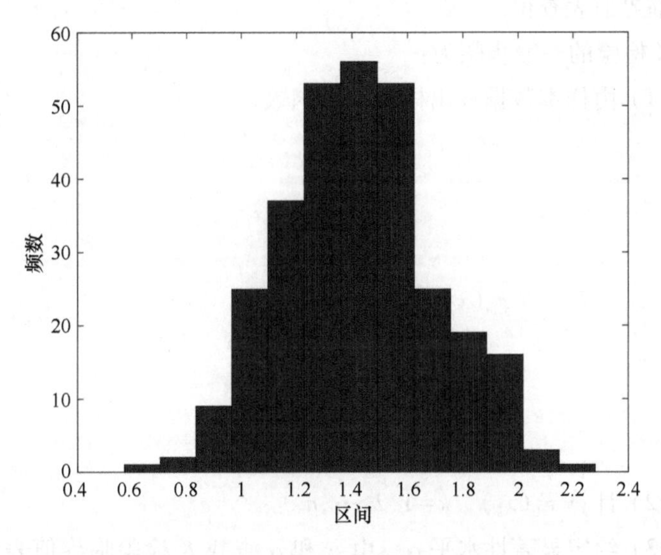

图 3.4.1　频数直方图

由上面例题可知，χ^2 拟合检验依赖于区间的划分. 下面我们讨论一种比χ^2 检验更为精细的检验法——**柯尔莫哥洛夫检验**，又称为 K **检验**. 这种检验是逐点比较总体分布函数与样本分布函数的偏差，与区间划分无关.

3.4.2　*K* 检验

设 $F(x)$为总体 X 的分布函数，而且假定 $F(x)$是 x 的连续函数. 设$(X_1,X_2,\cdots,X_n)^{\mathrm{T}}$ 是来自 X 的一个容量为 n 的样本，$F_n(x)$为样本经验分布函数. 格里汶科(Glivenko)于 1953 年证明了如下结论：

$$P\{\lim_{n\to\infty}\max_{-\infty<x<+\infty}|F_n(x)-F(x)|=0\}=1.$$

这个定理说明当 n 很大时，$F_n(x)$可以作为 $F(x)$的近似.

设 H_0：$F(x)=F_0(x)$，在原假设 H_0 成立的条件下，构造统

计量

$$D_n=\max_{-\infty<x<+\infty}|F_0(x)-F_n(x)|,$$

D_n 为总体分布函数与样本分布函数的最大距离值. 由于 D_n 的精确分布未知, 通常采用极限分布来确定临界值, 柯尔莫哥洛夫于 1933 年证明了如下结论:

$$\lim_{n\to\infty}P\{D_n<D_{n\cdot\alpha}\}=K(\lambda_\alpha).$$

若 $D_n>D_{n\cdot\alpha}$, 则拒绝原假设 H_0; 若 $D_n<D_{n\cdot\alpha}$, 则接受原假设 H_0. 当 n 较大时, 可利用 $D_{n\cdot\alpha}\approx\frac{\lambda_\alpha}{\sqrt{n}}$ 计算临界值 $D_{n\cdot\alpha}$, 其中 λ_α 可通过 K 检验临界值表查得.

K 检验的一般步骤为:

(1) 由样本数据算出样本分布函数

$$F_n(x)=\begin{cases}0, x\leqslant x_{(1)},\\ \frac{1}{n}, x_{(1)}<x\leqslant x_{(2)},\\ \vdots\\ \frac{k(x)}{n}, x_{(k)}<x\leqslant x_{(k+1)},\\ \vdots\\ 1, x>x_{(n)}.\end{cases}$$

(2) 计算 $F_0(x_k)$, $k=1,2,\cdots,n$.

(3) 给定显著性水平 α, 由 n 和 α 查找 K 检验临界值表得到 $D_{n\cdot\alpha}$, 若 $D_n>D_{n\cdot\alpha}$, 则拒绝原假设 H_0; 若 $D_n\leqslant D_{n\cdot\alpha}$, 则接受原假设 H_0.

例 3.4.3 某矿区煤层厚度的 133 个数据的频数分布见表 3.4.4, 试用 K 检验法检验煤层厚度是否服从正态分布 $N(\mu,\sigma^2)$.

表 3.4.4 煤层厚度频数分布表

组号	厚度间隔/m	组中值 x_i	频数 n_i	组号	厚度间隔/m	组中值 x_i	频数 n_i
1	0.2~0.5	0.35	1	6	1.7~2.0	1.85	24
2	0.5~0.8	0.65	6	7	2.0~2.3	2.15	25
3	0.8~1.1	0.95	5	8	2.3~2.6	2.45	19
4	1.1~1.4	1.25	12	9	2.6~2.9	2.85	20
5	1.4~1.7	1.55	19	10	2.9~3.2	3.05	2

解 用 X 表示煤层厚度, 假设检验问题:

H_0: 总体 X 服从正态分布 $N(\mu,\sigma^2)$; H_1: 总体 X 不服从正

态分布 $N(\mu,\sigma^2)$.

由于μ,σ^2未知，用样本均值和方差分别作为μ与σ^2的估计，

$$\hat{\mu}=\bar{x}=\frac{1}{n}\sum_{i=1}^{10}n_i x_i=1.884,$$

$$\hat{\sigma}^2=s_n^2=\frac{1}{n}\sum_{i=1}^{10}n_i(x_i-\bar{x})^2=0.576^2.$$

现在要检验假设H_0：总体X服从正态分布$N(1.884,0.576^2)$，做标准化变换$U=\frac{X-1.884}{0.576}$，则$U\sim N(0,1)$. 要计算$F(x_i)$的值，则只要直接利用标准正态分布表就可获得，例如对第六组号组上限$x_6=2.00$，有

$$F(x_6)=P\{X\leqslant 2.00\}=P\left\{\frac{X-1.884}{0.576}\leqslant\frac{2.00-1.884}{0.576}\right\}=\Phi(0.201)=0.5793,$$

将整个计算结果列于表3.4.5.

表3.4.5 根据正态分布计算理论分布表

组号	厚度间隔/m	频率	组上限	标准化值	经验分布	理论分布	D_n
1	0.2~0.5	0.008	0.5	-2.4	0.008	0.0082	0.0002
2	0.5~0.8	0.049	0.8	-1.88	0.057	0.0301	0.0269
3	0.8~1.1	0.041	1.1	-1.36	0.098	0.0869	0.0111
4	1.1~1.4	0.098	1.4	-0.84	0.196	0.2005	0.0045
5	1.4~1.7	0.154	1.7	-0.32	0.350	0.3745	0.0245
6	1.7~2.0	0.195	2.0	0.2	0.545	0.5793	0.0343
7	2.0~2.3	0.203	2.3	0.72	0.748	0.7642	0.0162
8	2.3~2.6	0.154	2.6	1.24	0.902	0.8925	0.0095
9	2.6~2.9	0.081	2.9	1.76	0.983	0.9608	0.0222
10	2.9~3.2	0.017	3.2	2.28	1.000	0.9887	0.0113

对于$\alpha=0.05$，查表得$\lambda_\alpha=1.36$，因此$\frac{\lambda_\alpha}{\sqrt{n}}=\frac{1.36}{\sqrt{133}}=0.118$，而统计量

$$D_n=\sup\left|\Phi(z)-F_n(z)\right|=\max_{1\leqslant i\leqslant 10}\{\left|F_n(x_i)-F(x_i)\right|\}=0.0343,$$

因为$D_n=0.0343<0.118=\frac{\lambda_\alpha}{\sqrt{n}}\approx D_{n,\alpha}$，故接受原假设$H_0$，因而认为煤层厚度服从正态分布.

例3.4.3的MATLAB实现

```
clc
clear all
```

```
x=xlsread('Data3_4_2.xlsx');
[H,p,ksstat,cv]=kstest(x,[ ],0.05)  %K 检验函数
运行结果:
p=
  1.3554e-76
ksstat=
0.8041
cv=
  0.1164
```

习题 3

1. 假设检验包括哪两种错误类型?

2. 什么是大小概率区域?

3. 简述假设检验的基本步骤.

4. 某厂生产的灯泡的使用寿命服从正态分布,并要求灯泡的平均使用寿命为 1000h,方差为 100^2,今从某天生产的灯泡中任取 5 个进行试验,得到寿命(单位:h)数据如下:

1050　1100　1120　1250　1280

如果总体方差没有变化,在显著性水平 $\alpha=0.05$ 下,能否认为这天生产的灯泡寿命无显著变化?

5. 某电器零件的平均电阻值一直保持在 2.64Ω,标准差为 0.06Ω,改变加工工艺后,测得 100 个零件的平均电阻为 2.62Ω,问当显著性水平 $\alpha=0.05$ 时,新工艺对零件的电阻值有无影响?

6. 水泥厂用自动包装机包装水泥,每袋额定重量是 50kg,某日开工后随机抽查了 9 袋,称得重量如下:

49.6　49.3　50.1　50.0　49.2　49.9　49.8　51.0　50.2

设每袋水泥重量服从正态分布,问包装机工作是否正常($\alpha=0.05$)?

7. 一台车床加工的一批轴料中抽取 10 件测量其椭圆度,计算得 $S=0.025$,设椭圆度服从正态分布. 问该批轴料的总体方差与规定的方差 $\sigma_0^2=0.0004$ 有无显著差别($\alpha=0.05$)?

8. 某工厂生产螺栓,规定标准口径的方差为 0.03,今从生产的一批产品中抽取 8 个,测得其口径平均为 6.97mm,样本方差为 0.0375. 已知螺栓口径服从正态分布. 试问在显著性水平 $\alpha=0.05$ 下,这批螺栓的口径方差是否达到规定要求?

9. 规定某种零件的长度服从正态分布,均值 $\mu=32.50$mm,方差 $\sigma^2=1.21$,现从零件堆中随机抽取 6 件,测得长度(单位:mm)为

32.46　31.54　30.10　29.76　31.67　31.23

问:当显著性水平 $\alpha=0.01$ 时,能否认为这批零件的方差达标?

10. 有一批木材小头直径 $X\sim N(\mu,2.6^2)$,按规格要求,$\mu\geqslant 12$cm 才能算一等品,现随机抽取 100 根,计算得小头直径平均值 $\bar{x}=12.8$cm,当显著性水平 $\alpha=0.05$ 时,问能否认为这批木材属于一等品?

11. 要把一个铆钉插入一个孔中,如果孔直径的标准差超过了 0.04mm,铆钉就不适合. 抽取了 15 个样品,测量它们的直径. 孔直径的标准差 $s=0.032$mm. 若孔直径服从正态分布,在 0.05 的显著性水平下检验孔直径的标准差是否超过 0.04mm.

12. 从某锌矿的东西两支矿脉中,各抽取样本容量分别为 9 与 8 的样本分析后,算得其样本含锌(%)平均值及方差如下:

东支:$\bar{x}_1=0.230, s_1^2=0.1337, n_1=9$;

西支:$\bar{x}_2=0.269, s_2^2=0.173, n_2=8$.

若东西两支矿脉含锌量都服从正态分布且方差相等,在 $\alpha=0.05$ 的条件下问东西两支矿脉含锌量的平均值是否可看作一样?

13. 砖瓦厂有两座砖窑,某日从甲窑抽取机制砖 7 块,从乙窑抽取 6 块,测得抗折强度(单位:kg)如下:

甲窑：20.51　25.56　20.78　37.27　36.26　25.97　24.62

乙窑：32.56　26.66　25.64　33.00　34.87　31.03

设抗折强度服从正态分布，若给定 $\alpha=0.1$，试问两窑生产的砖抗折强度的方差有无显著差异？

14. 甲、乙两台机床加工同一件零件，从这两台机床加工的零件中，随机抽取一些样品，测得它们的外径(单位：mm)如下：

机床甲：20.5　19.8　19.7　20.4　20.1　20.0　19.0　19.9

机床乙：19.7　20.8　20.5　19.8　19.4　20.6　19.2

假定零件的外径服从正态分布. 问：

(1) 是否可以认为甲、乙两台机床加工零件外径的方差相等(显著性水平 $\alpha=0.05$)？

(2) 是否可以认为甲、乙两台机床加工零件外径的均值相等(显著性水平 $\alpha=0.05$)？

15. 在平炉上进行一项试验以确定改变操作方法的建议是否会增加钢的产率，试验是在同一只平炉上进行的. 每炼一炉钢时除操作方法外，其他条件都尽可能做到相同. 先用标准方法炼一炉，然后用建议的新方法炼一炉，以后交替进行，各炼10炉，其产率分别为

(1) 标准方法：78.1　72.4　76.2　74.3　77.4　78.4　76.0　75.5　76.7　77.3

(2) 新方法：79.1　81.0　77.3　79.1　80.0　79.1　79.1　77.3　80.2　82.1

设这两个样本相互独立，且分别来自正态总体，方差均未知. 问建议的新操作方法能否提高产率($\alpha=0.05$)？

16. 将一枚骰子掷了120次，结果如下：

点数：1　2　3　4　5　6

频数：21　28　19　24　16　12

问：这枚骰子是否均匀($\alpha=0.05$)？

17. 在某细纱机上进行断头率测定，试验锭子总数为440个，测得各锭子的断头次数记录如下：

每锭断头数：0　1　2　3　4　5　6　7　8

实测锭数：263　112　38　19　3　1　1　0　3

试检验各锭子的断头数是否服从泊松分布($\alpha=0.05$)？

18. 对某汽车零件制造厂所生产的螺栓口径抽样检验，测得100个数据分组列表如下：

组限	10.93~10.95	10.95~10.97	10.97~10.99	10.99~11.01
频数	5	8	20	34
组限	11.01~11.03	11.03~11.05	11.05~11.07	11.07~11.09
频数	17	6	6	4

试检验螺栓口径 X 是否服从正态分布($\alpha=0.05$)？

19. 假设蓄电池的容量服从正态分布，在两个工厂生产的蓄电池中，分别取10个测量蓄电池的容量(单位：A·h)，得数据如下：

甲厂：141　143　139　139　140　141　138　140　142　138

乙厂：145　141　136　142　140　143　138　137　142　137

两厂蓄电池的容量是否可以认为服从同一正态分布($\alpha=0.05$)？

20. 为了比较两种枪弹的速度(单位：m/s)，在相同的条件下进行速度测定，得样本均值和样本标准差分别如下：

枪弹甲：$n_1=110$，$\overline{x}=2805$，$s_1^2=120.41$

枪弹乙：$n_2=100$，$\overline{y}=2680$，$s_2^2=105.00$

枪弹速度服从正态分布，在显著性水平 $\alpha=0.05$ 下，检验两种枪弹的速度在均匀性方面有无显著性差异？

21. 在显著性水平 $\alpha=0.1$ 下，如下数据：

0.034　0.437　0.863　0.964　0.366　0.469　0.637　0.623　0.804　0.261

是否可以认为是来自(0,1)区间上均匀分布的随机数？

第4章 回归分析

中国数学家与数学家精神：
“中国教育时代人物”
——土梓坤

英国科学家高尔顿(Galton)在研究父代与子代的平均身高的因果关系时，首次提出了“回归(Regression)”一词. 然而，随着时间的推移，回归分析常被人们作为表示变量间关系的统计模型. 在本章中，我们将介绍回归分析模型，主要包括线性回归和非线性回归.

4.1 一元线性回归模型

例 4.1.1 一种用于食品包装的可降解材料的制备过程中要受到其导热系数[W/(m · K)]的影响，而导热系数与其密度具有一定的关系，通过试验测得数据见表 4.1.1.

表 4.1.1 导热系数与密度数据

导热系数 y	0.0480	0.0525	0.0540	0.0535	0.0570	0.0610
密度 x	0.1750	0.2200	0.2250	0.2260	0.2500	0.2765

根据数据可得到散点图如图 4.1.1 所示.

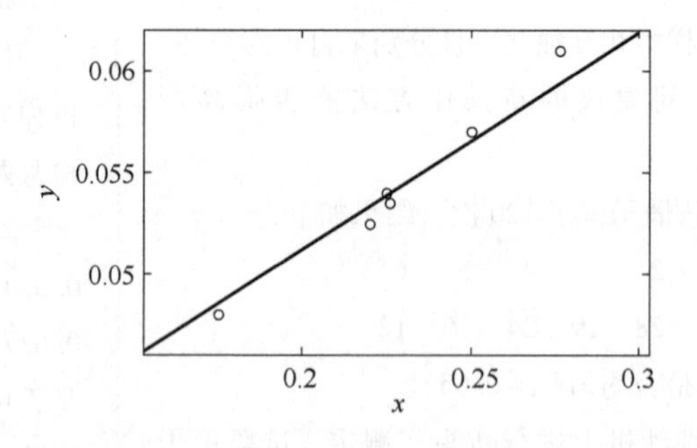

图 4.1.1 导热系数与密度散点图

通过观察图 4.1.1 可知导热系数与密度之间的相关性较高，于是自然就想到二者之间是否存在统计关系，并且能否使用 $y=\beta_0+\beta_1 x$ 来刻画二者关系. 基于这样的问题，本节介绍一元线性回归模型.

4.1.1 一元线性回归的数学模型

如果变量 y 和 x 之间的关系正好是一条直线，那么 y 和 x 之间的关系就可以表示为

$$y=\beta_0+\beta_1 x,$$

其中，β_0 表示直线在 y 轴上的截距，β_1 表示直线的斜率，或 x 变化 1 个单位时 y 的变化量，如图 4.1.2 所示.

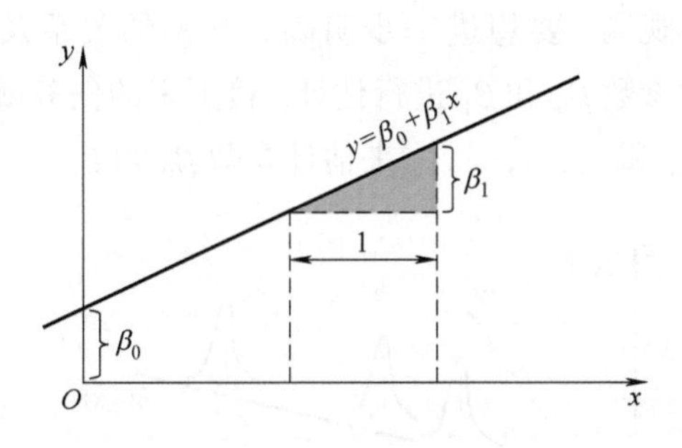

图 4.1.2 直线关系示意图

当散点图中的点不完全位于一条线上时，如图 4.1.1 所示，此时必须将统计思想引入变量间关系的研究中. 通过对数据散点图的观测，不难发现变量间存在一种潜在的线性关系，而这种关系被随机干扰或实验误差等随机误差所掩盖. 变量间的这种关系不能称之为函数关系，它不像函数关系那样明确，而要受到随机误差的干扰.

基于以上观点，假设因变量 y 是一个与自变量 x 相关的随机变量，建立如式(4.1.1)所示的线性回归模型，作为变量之间关系的一种尝试性表示：

$$y=\beta_0+\beta_1 x+\varepsilon, \tag{4.1.1}$$

其中，随机扰动项 $\varepsilon\sim N(0,\sigma^2)$. 称式(4.1.1)表示的回归模型为**总体回归模型**.

对于自变量 x 和因变量 y 的容量为 n 的观测值 $x_1,x_2,\cdots,x_n$ 和 $y_1,y_2,\cdots,y_n$，有

$$y_i=\beta_0+\beta_1 x_i+\varepsilon_i,\ i=1,2,\cdots,n, \tag{4.1.2}$$

其中，ε_i 是叠加在真实线性关系上的未知误差，是一个不可观测的随机变量序列，且对于 $i=1,2,\cdots,n$，ε_i 独立同分布于 $N(0,\sigma^2)$. 称 β_0 和 β_1 为**待估参数**，称式(4.1.2)表示的回归模型为**样本回归模型**. 本书中，在不致混淆的情况下，对于总体回归模型和样本回归模型不做区别.

由于模型中的因变量 y 是随机变量，因此可以给出 y 关于 x

的条件分布. 根据式(4.1.1)有

$$E(y \mid x)=\beta_0+\beta_1 x,$$

$$D(y \mid x)=\sigma^2,$$

加之 $\varepsilon \sim N(0,\sigma^2)$, 所以在给定 x 的条件下, y 的条件分布为 $N(\beta_0+\beta_1 x,\ \sigma^2)$.

图 4.1.3 显示了因变量 y 在输入不同变量 x 时的条件概率密度函数图像. 其中 y 的条件期望 $\beta_0+\beta_1 x$ 和条件方差 σ^2 均是未知的, 而且不可观测. 要想进一步明确 x 与 y 的关系及 y 的分布特征, 就需要对参数 β_0 和 β_1 进行估计. 接下来的任务就是利用观测值 $x_1,x_2,\cdots,x_n$ 和 $y_1,y_2,\cdots,y_n$ 来估计参数 β_0 和 β_1.

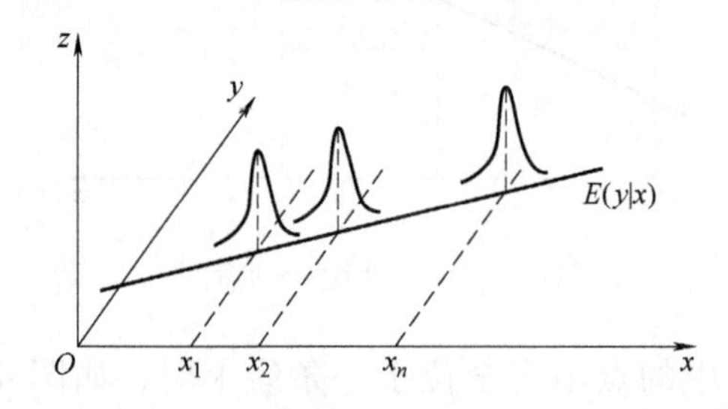

图 4.1.3 因变量关于自变量的条件分布

4.1.2 最小二乘法

对于已知的观测值 $x_1,x_2,\cdots,x_n$ 和 $y_1,y_2,\cdots,y_n$, 可以视为平面直角坐标系上的 n 个点 (x_i,y_i), $i=1,2,\cdots,n$. 参数 β_0 和 β_1 的估计问题可以看作散点图中 y 关于 x 的一条**最佳直线的拟合**. 而**最小二乘法**是拟合最佳直线的一种简单而且有效的方法, 下面介绍基于一元线性回归模型的最小二乘法.

假设散点图上绘制了一条任意直线 $y=\beta_0+\beta_1 x$, 如图 4.1.4 所示. 在自变量观测值 x_i 处, y 的预测值为 $\beta_0+\beta_1 x_i$, 而 y 的观测值为 y_i, 二者之间的差为 $y_i-\beta_0-\beta_1 x_i$, 也就是图 4.1.4 中点 (x_i,y_i) 到直线 $y=\beta_0+\beta_1 x$ 的竖直距离.

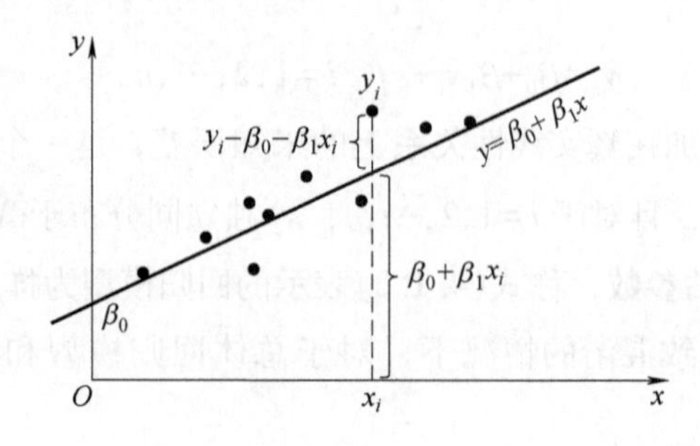

图 4.1.4 散点图与拟合直线示意图

为了进一步分析数据与拟合直线的关系，设 $\hat{\beta}_0$ 和 $\hat{\beta}_1$ 分别是 β_0 和 β_1 的估计，则拟合直线的方程为

$$\hat{y}=\hat{\beta}_0+\hat{\beta}_1 x_1, \tag{4.1.3}$$

考虑到 n 个点的差异，给出任意一点到拟合直线的竖直距离

$$\hat{\varepsilon}_i=y_i-\hat{y}_i=y_i-\hat{\beta}_0-\hat{\beta}_1 x_i. \tag{4.1.4}$$

式(4.1.4)刻画了点 (x_i,y_i) 与拟合直线之间的偏离程度，$\hat{\varepsilon}_i$ 称为**残差**. 要使得残差尽可能小，拟合直线与观测点就要尽可能地接近. 但是又不可能使所有点对应的残差最小，因此，可采用使总体差异性最小的方法估计回归系数，即建立以**残差平方和最小**为目标函数的优化模型，求解该模型得到回归系数估计 $\hat{\beta}_0$ 和 $\hat{\beta}_1$，这就是所谓的**最小二乘法**.

令

$$Q(\beta_0,\beta_1)=\sum_{i=1}^{n}\hat{\varepsilon}_i^2=\sum_{i=1}^{n}(y_i-\beta_0-\beta_1 x_i)^2,$$

则 β_0 和 β_1 的**最小二乘估计** $\hat{\beta}_0$ 和 $\hat{\beta}_1$ 应使得 $Q(\beta_0,\beta_1)$ 最小，即

$$Q(\hat{\beta}_0,\hat{\beta}_1)=\min_{\beta_0,\beta_1}Q(\beta_0,\beta_1).$$

若将残差平方和 $Q(\beta_0,\beta_1)$ 视为关于 β_0,β_1 的二元函数，那么问题就转化为多元函数的极值问题. 对 $Q(\beta_0,\beta_1)$ 分别关于 β_0 和 β_1 求偏导数并令其为零，得到方程组

$$\begin{cases}\dfrac{\partial Q(\beta_0,\beta_1)}{\partial \beta_0}=-2\sum\limits_{i=1}^{n}(y_i-\beta_0-\beta_1 x_i)=0,\\ \dfrac{\partial Q(\beta_0,\beta_1)}{\partial \beta_1}=-2\sum\limits_{i=1}^{n}x_i(y_i-\beta_0-\beta_1 x_i)=0,\end{cases} \tag{4.1.5}$$

并进一步化简得到

$$\begin{cases}n\beta_0+\left(\sum\limits_{i=1}^{n}x_i\right)\beta_1=\sum\limits_{i=1}^{n}y_i,\\ \left(\sum\limits_{i=1}^{n}x_i\right)\beta_0+\left(\sum\limits_{i=1}^{n}x_i^2\right)\beta_1=\sum\limits_{i=1}^{n}x_i y_i.\end{cases}$$

该方程组称为**正规方程组**. 假设 $x_1,x_2,\cdots,x_n$ 不全相等，则正规方程组的系数行列式不为零，故方程组有唯一解，进而解得 β_0 和 β_1 的最小二乘估计为

$$\begin{cases}\hat{\beta}_1=\dfrac{\sum\limits_{i=1}^{n}(x_i-\bar{x})(y_i-\bar{y})}{\sum\limits_{i=1}^{n}(x_i-\bar{x})^2},\\ \hat{\beta}_0=\bar{y}-\hat{\beta}_1\bar{x},\end{cases}$$

为了计算方便，可简写为

$$\begin{cases}\hat{\beta}_1=\dfrac{S_{xy}}{S_{xx}},\\ \hat{\beta}_0=\bar{y}-\hat{\beta}_1\bar{x},\end{cases} \tag{4.1.6}$$

其中，

$$\bar{x}=\frac{1}{n}\sum_{i=1}^{n}x_i,\ \bar{y}=\frac{1}{n}\sum_{i=1}^{n}y_i,$$

$$S_{xx}=\sum_{i=1}^{n}(x_i-\bar{x})^2=\sum_{i=1}^{n}x_i^2-\frac{1}{n}\left(\sum_{i=1}^{n}x_i\right)^2,$$

$$S_{xy}=\sum_{i=1}^{n}(x_i-\bar{x})(y_i-\bar{y})=\sum_{i=1}^{n}(x_i-\bar{x})y_i.$$

将式(4.1.6)代入式(4.1.3)，即可得到回归方程

$$\hat{y}=\hat{\beta}_0+\hat{\beta}_1x,$$

也称为 y 关于 x 的**经验回归方程**，其图像称为**回归直线**.

例 4.1.2 利用例 4.1.1 中的数据计算经验回归方程.

解 利用表 4.1.1 中数据计算得到

$$\bar{x}=\frac{1}{n}\sum_{i=1}^{n}x_i=0.2288,\ \bar{y}=\frac{1}{n}\sum_{i=1}^{n}y_i=0.0543,$$

$$S_{xx}=\sum_{i=1}^{n}(x_i-\bar{x})^2=\sum_{i=1}^{n}x_i^2-\frac{1}{n}\left(\sum_{i=1}^{n}x_i\right)^2=0.0057,$$

$$S_{xy}=\sum_{i=1}^{n}(x_i-\bar{x})(y_i-\bar{y})=\sum_{i=1}^{n}(x_i-\bar{x})y_i=7.325\times10^{-4}.$$

因此

$$\begin{cases}\hat{\beta}_1=\dfrac{S_{xy}}{S_{xx}}=0.1285,\\ \hat{\beta}_0=\bar{y}-\hat{\beta}_1\bar{x}=0.0249,\end{cases}$$

故，经验回归方程为

$$\hat{y}=0.0249+0.1285x,$$

并根据数据计算得到预测值及残差见表 4.1.2.

表 4.1.2 最小二乘法计算数据

变量	x	y	$\hat{y}$	$\hat{\varepsilon}_i$
数值	0.1750	0.0480	0.0474	0.0006
	0.2200	0.0525	0.0532	-0.0007
	0.2250	0.0540	0.0539	0.0001
	0.2260	0.0535	0.0540	-0.0005
	0.2500	0.0570	0.0571	-0.0001
	0.2765	0.0610	0.0605	0.0005
合计	1.37	0.326	0.326	0

结果发现 $\sum_{i=1}^{n}\hat{\varepsilon}_i=0$，且 $\sum_{i=1}^{n}y_i=\sum_{i=1}^{n}\hat{y}_i$，出现这样的结果并非巧合，

根据式(4.1.5)中的第一个方程通过简单推理即可得到，这是最小二乘法所具备的普遍性质.

下面根据式(4.1.6)编写最小二乘法的MATLAB程序.

```
例 4.1.2 的 MATLAB 实现
clc
clear all
x=[0.1750  0.2200  0.2250  0.2260  0.2500  0.2765];
y=[0.0480  0.0525  0.0540  0.0535  0.0570  0.0610];
mx=mean(x);
my=mean(y);
Sxx=sum((x-mx).^2);
Sxy=sum((x-mx).*(y-my));
Beta1=Sxy/Sxx
Beta0=my-Beta1*mx
yhat=Beta0+x*Beta1;
figure
plot(x,y,'o')
hold on
plot(x,yhat,'k-')
hold on
plot(mx,my,'kp')
运行结果:
Beta1=
0.1285
Beta0=
0.0249
```

回归直线图像如图4.1.5所示.

注：最小二乘法得到的回归直线还有一个重要的特征就是，当 $x=\bar{x}$ 时，$\hat{y}=\bar{y}$，即回归直线过点$(\bar{x},\bar{y})$，如图4.1.5所示，回归直线 $\hat{y}=0.0249+0.1285x$ 经过了“☆”表示的点$(\bar{x},\bar{y})=(0.2288, 0.0543)$.

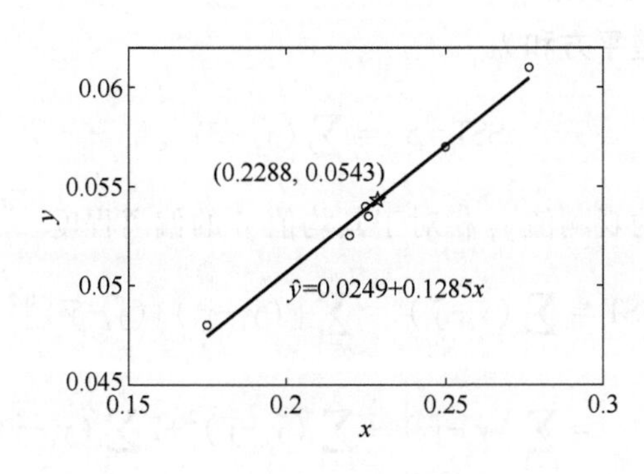

图4.1.5　回归直线图像

4.1.3 最小二乘估计的性质

1. 线性性质

根据式(4.1.6)有

$$\begin{cases}\hat{\beta}_1=\dfrac{\sum_{i=1}^{n}(x_i-\bar{x})y_i}{\sum_{i=1}^{n}(x_i-\bar{x})^2},\\ \hat{\beta}_0=\dfrac{1}{n}\sum_{i=1}^{n}y_i-\hat{\beta}_1\dfrac{1}{n}\sum_{i=1}^{n}x_i,\end{cases}\tag{4.1.7}$$

其中，x_i 为非随机变量，可见最小二乘法得到的回归系数估计 $\hat{\beta}_0$ 和 $\hat{\beta}_1$ 均是随机变量 y_i 的线性组合. 因此，$\hat{\beta}_0$ 和 $\hat{\beta}_1$ 也是随机变量，各有其概率分布、均值、方差、标准差等.

2. 无偏性

下面讨论 $\hat{\beta}_0$ 和 $\hat{\beta}_1$ 的无偏性，由于

$$E(y_i)=E(y\mid x=x_i)=\beta_0+\beta_1x_i,$$

再根据式(4.1.7)可得

$$E(\hat{\beta}_1)=\frac{\sum_{i=1}^{n}(x_i-\bar{x})E(y_i)}{\sum_{i=1}^{n}(x_i-\bar{x})^2}=\frac{\sum_{i=1}^{n}(x_i-\bar{x})(\beta_0+\beta_1x_i)}{\sum_{i=1}^{n}(x_i-\bar{x})^2}=\beta_1\frac{\sum_{i=1}^{n}(x_i-\bar{x})x_i}{\sum_{i=1}^{n}(x_i-\bar{x})^2}=\beta_1,$$

$$E(\hat{\beta}_0)=\frac{1}{n}\sum_{i=1}^{n}E(y_i)-E(\hat{\beta}_1)\frac{1}{n}\sum_{i=1}^{n}x_i=\frac{1}{n}\sum_{i=1}^{n}(\beta_0+\beta_1x_i)-\beta_1\frac{1}{n}\sum_{i=1}^{n}x_i=\beta_0,$$

这就证明了 $\hat{\beta}_0$ 和 $\hat{\beta}_1$ 分别是参数 β_0 和 β_1 的无偏估计.

进而有

$$E(\hat{y})=E(\hat{\beta}_0+\hat{\beta}_1x_i)=\beta_0+\beta_1x_i=E(y_i),$$

这说明预测值 $\hat{y}$ 是 $E(y_i)$ 的无偏估计.

3. 残差的分解

记总离差平方和为

$$\mathrm{SST}=S_{yy}=\sum_{i=1}^{n}(y_i-\bar{y})^2,$$

表示因变量的观测值 y_i 相对于其均值 $\bar{y}$ 的偏离程度.

$$\begin{aligned}\mathrm{SST}&=\sum_{i=1}^{n}(y_i-\bar{y})^2=\sum_{i=1}^{n}[(y_i-\hat{y}_i)+(\hat{y}_i-\bar{y})]^2\\&=\sum_{i=1}^{n}(y_i-\hat{y}_i)^2+\sum_{i=1}^{n}(\hat{y}_i-\bar{y})^2+2\sum_{i=1}^{n}(y_i-\hat{y}_i)(\hat{y}_i-\bar{y}).\end{aligned}$$

由于 $\hat{\beta}_0$ 和 $\hat{\beta}_1$ 满足正规方程组，则有

$$\sum_{i=1}^{n}(y_i-\hat{y}_i)(\hat{y}_i-\overline{y})=0,$$

所以

$$\mathrm{SST}=\sum_{i=1}^{n}(y_i-\hat{y}_i)^2+\sum_{i=1}^{n}(\hat{y}_i-\overline{y})^2. \tag{4.1.8}$$

式(4.1.8)中的第一部分称为**残差平方和**，记为

$$\mathrm{SSE}=\sum_{i=1}^{n}(y_i-\hat{y}_i)^2,$$

SSE 表示回归直线相对于因变量观测值的偏离程度，度量了 y 中不能被回归方程解释的方差.

式(4.1.8)中的第二部分称为**回归平方和**，记为

$$\mathrm{SSR}=\sum_{i=1}^{n}(\hat{y}_i-\overline{y})^2,$$

SSR 表示因变量的估计值 $\hat{y}_i$ 相对于样本均值 $\overline{y}$ 的偏离程度，度量了回归方程解释的方差.

因此，式(4.1.8)可以写成

$$\mathrm{SST}=\mathrm{SSR}+\mathrm{SSE}. \tag{4.1.9}$$

4. 概率分布

无偏性是参数估计评价的一个方面，通常还要考虑估计量本身的波动程度及其概率分布. 下面首先给出 $\hat{\beta}_0$ 和 $\hat{\beta}_1$ 的方差.

由于 $\mathrm{Var}(y_i)=\mathrm{Var}(y\mid x=x_i)=\sigma^2$，所以

$$\mathrm{Var}(\hat{\beta}_1)=\frac{\sum_{i=1}^{n}(x_i-\overline{x})^2\mathrm{Var}(y_i)}{\left(\sum_{i=1}^{n}(x_i-\overline{x})^2\right)^2}=\frac{\sigma^2}{\sum_{i=1}^{n}(x_i-\overline{x})^2}=\frac{\sigma^2}{S_{xx}},$$

$$\mathrm{Var}(\hat{\beta}_0)=\mathrm{Var}(\overline{y})+\overline{x}^2\mathrm{Var}(\hat{\beta}_1)=\frac{\sigma^2}{n}+\frac{\overline{x}^2\sigma^2}{\sum_{i=1}^{n}(x_i-\overline{x})^2}=\left(\frac{1}{n}+\frac{\overline{x}^2}{S_{xx}}\right)\sigma^2.$$

由于 $y_i\sim N(\beta_0+\beta_1x_i,\sigma^2)$，且相互独立，因此作为 $y_1,y_2,\cdots,y_n$ 的线性组合 $\hat{\beta}_0$ 和 $\hat{\beta}_1$ 也都服从正态分布. 而正态分布可由期望和方差唯一确定，因此

$$\hat{\beta}_1\sim N\left(\beta_1,\ \frac{\sigma^2}{S_{xx}}\right), \tag{4.1.10}$$

$$\hat{\beta}_0\sim N\left(\beta_0,\ \left(\frac{1}{n}+\frac{\overline{x}^2}{S_{xx}}\right)\sigma^2\right). \tag{4.1.11}$$

令 x_0 为任意一个不同于 $x_1,x_2,\cdots,x_n$ 的自变量观测值，其对应的因变量值称为**新值**，记为 y_0，则

$$y_0\sim N(\beta_0+\beta_1x_0,\sigma^2).$$

根据式(4.1.6)可得

$$\hat{y}_0=\bar{y}-\hat{\beta}_1\bar{x}+\hat{\beta}_1x_0=\bar{y}+(x_0-\bar{x})\frac{\sum_{i=1}^{n}(x_i-\bar{x})y_i}{\sum_{i=1}^{n}(x_i-\bar{x})^2},\tag{4.1.12}$$

那么

$$\mathrm{Var}(\hat{y}_0)=\left(\frac{1}{n}+\frac{(x_0-\bar{x})^2}{S_{xx}}\right)\sigma^2,\tag{4.1.13}$$

因此

$$\hat{y}_0\sim N(\beta_0+\beta_1x_0,\ h\sigma^2),\tag{4.1.14}$$

其中，

$$h=\frac{1}{n}+\frac{(x_0-\bar{x})^2}{S_{xx}}.$$

根据式(4.1.12)可知 $\hat{y}_0$ 是先前观测到的因变量的线性组合，故而 $\hat{y}_0$ 与 y_0 相互独立，因此 $E(y_0-\hat{y}_0)=0$，$\mathrm{Var}(y_0-\hat{y}_0)=(1+h)\sigma^2$，那么

$$y_0-\hat{y}_0\sim N(0,(1+h)\sigma^2).\tag{4.1.15}$$

4.2 拟合优度与显著性检验

得到经验回归方程之后，就可以使用经验回归方程和自变量的值对因变量进行估计和预测. 那么，估计和预测效果如何，还需要进一步去验证. 一方面，回归方程对观测数据的拟合程度需要度量；另一方面，由于经验回归方程是根据样本数据得到的，它是否真实地反映了因变量与自变量之间的关系，也需要验证. 针对以上两方面的问题，本节主要介绍拟合优度的度量、回归方程的检验和回归系数的检验.

4.2.1 拟合优度

判定系数是拟合优度的度量，为了说明其含义，需要对观测值和残差进行分析. 如图 4.2.1 所示，在每个观测点处有

$$y_i-\bar{y}=(y_i-\hat{y})+(\hat{y}-\bar{y}).\tag{4.2.1}$$

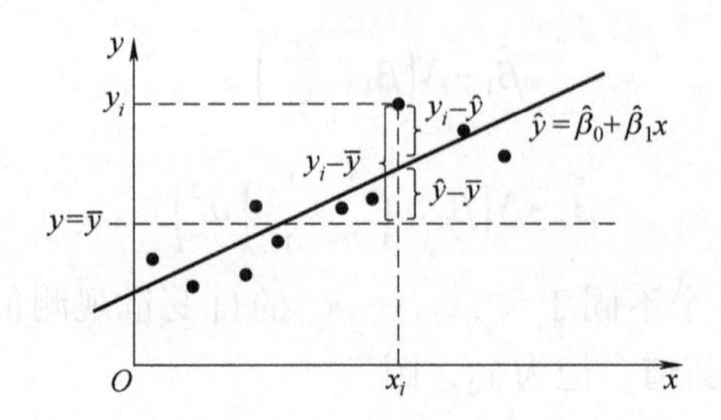

图 4.2.1 总离差分解示意图

首先将式(4.2.1)两端平方，其次对所有点求和，再根据交叉项为零，就可以得到式(4.1.8)表示的总离差平方和的分解.

从图4.2.1可以直观地看到，拟合优度的大小取决于回归平方和SSR在总离差平方和SST中占的比例，比例越大说明拟合效果越好. 因此，将回归平方和在总离差平方和中占的比例称为判定系数，记作R^2，计算公式为

$$R^2=\frac{\mathrm{SSR}}{\mathrm{SST}}=\frac{\sum_{i=1}^{n}(\hat{y}_i-\bar{y})^2}{\sum_{i=1}^{n}(y_i-\bar{y})^2},$$

也可写作

$$R^2=1-\frac{\mathrm{SSE}}{\mathrm{SST}}=1-\frac{\sum_{i=1}^{n}(y_i-\hat{y}_i)^2}{\sum_{i=1}^{n}(y_i-\bar{y})^2},$$

显然，判定系数R^2的取值范围为$[0,1]$，R^2越接近1拟合效果越好；反之，R^2越接近0拟合效果越差. 而在一元线性回归中，判定系数R^2恰好等于自变量与因变量相关系数r的平方，即$R^2=r^2$.

4.2.2 标准误差的估计

残差的方差σ^2的估计值通过SSE除以$n-2$得到，减少2是因为估计了两个参数β_0和β_1，会损失两个自由度，即σ^2的估计量为

$$\hat{\sigma}^2=\frac{\mathrm{SSE}}{n-2},$$

因此，标准误差σ的估计量为

$$\hat{\sigma}=\sqrt{\frac{\mathrm{SSE}}{n-2}}. \tag{4.2.2}$$

例4.2.1 计算例4.1.2中的总离差平方和、残差平方和、回归平方和、判定系数、相关系数的平方、标准误差的估计值.

解 总离差平方和为

$$\mathrm{SST}=S_{yy}=\sum_{i=1}^{n}(y_i-\bar{y})^2=9.5833\times10^{-5},$$

残差平方和为

$$\mathrm{SSE}=\sum_{i=1}^{n}(y_i-\hat{y}_i)^2=1.3698\times10^{-6},$$

回归平方和为

$$\mathrm{SSR}=\sum_{i=1}^{n}(\hat{y}_i-\bar{y})^2=9.4464\times10^{-5},$$

判定系数为

$$R^2=\frac{\mathrm{SSR}}{\mathrm{SST}}=0.9857,$$

相关系数的平方为

$$r^2=\frac{\mathrm{SSR}}{\mathrm{SST}}=0.9857,$$

标准误差的估计值为

$$\hat{\sigma}=\sqrt{\frac{\mathrm{SSE}}{n-2}}=5.8520\times10^{-4}.$$

例 4.2.1 的 MATLAB 实现:在例 4.1.2 的 MATLAB 实现基础上再编写如下程序

```
n=length(x);
SST=sum((y-my).^2)
SSE=sum((y-yhat).^2)
SSR=sum((yhat-my).^2)
R2=SSR/SST
r=corrcoef(x,y)
r2=r(1,2)^2
sighat=sqrt(SSE/(n-2))
```

运行结果:

```
Beta1=
0.1285
Beta0=
0.0249
SST=
9.5833e-05
SSE=
1.3698e-06
SSR=
9.4464e-05
R2=
0.9857
r=
1.0000    0.9928
0.9928    1.0000
r2=
0.9857
sighat=
5.8520e-04
```

4.2.3 显著性检验

得到回归方程之后，不能立即对因变量进行预测，因为回归方程与回归系数是否真实地反映了因变量与自变量之间的统计关系，还需要运用假设检验的方法进行检验. 常用检验方法有回归方程的检验和回归系数的检验.

1. 回归方程的检验

回归方程的检验是检验因变量和自变量之间的线性关系是否显著，换句话说就是检验因变量 y 和自变量 x 之间的关系是否可以用回归方程来表示，又称为 F **检验**. 按照假设检验的原理和步骤，下面给出 F 检验的步骤.

第1步：建立统计假设

$$H_0: \beta_1=0; \ H_1: \beta_1\neq 0.$$

第2步：构造检验统计量

$$F=\frac{\mathrm{SSR}/1}{\mathrm{SSE}/(n-2)}\sim F(1,n-2).$$

第3步：得到检验结论.

由于该问题可等价地转化为一个右侧检验问题，因此，当给定显著性水平 α 时，临界值为 $F_\alpha(1,n-2)$，拒绝域为 $(F_\alpha(1,n-2),+\infty)$. 根据假设检验原理，当统计量 F 满足 $F>F_\alpha(1,n-2)$ 时，拒绝原假设，认为回归方程是显著的，可以用回归方程来表示因变量 y 和自变量 x 之间的关系，反之则相反.

2. 回归系数的检验

回归系数的检验是根据回归系数的抽样分布检验回归系数的显著性的方法，又称为 t **检验**. 下面给出 t 检验的步骤.

第1步：建立统计假设

$$H_0: \beta_1=0; \ H_1: \beta_1\neq 0.$$

第2步：构造检验统计量

$$T=\frac{\hat{\beta}_1}{\hat{\sigma}/\sqrt{S_{xx}}}\sim t(n-2),$$

其中，$\hat{\sigma}$ 为式(4.2.2)表示的关于标准误差的估计.

第3步：得到检验结论.

该问题为双侧检验，当给定显著性水平 α 时，临界值为 $t_{\alpha/2}(n-2)$，拒绝域为 $(-t_{\alpha/2}(n-2),t_{\alpha/2}(n-2))$. 根据假设检验原理，当统计量 T 满足 $|T|>t_{\alpha/2}(n-2)$ 时，拒绝原假设，认为自变量 x 对因变量 y 具有显著的影响，反之则相反.

例 4.2.2 在显著性水平为 0.05 时，利用例 4.2.1 中的有关结果，分别检验回归方程和回归系数的显著性.

解 (1) F 检验

第 1 步：建立统计假设

$$H_0: \beta_1=0; \ H_1: \beta_1 \neq 0.$$

第 2 步：构造检验统计量

$$F=\frac{\mathrm{SSR}/1}{\mathrm{SSE}/4} \sim F(1, 4).$$

第 3 步：得到检验结论，根据例 4.2.1 的计算结果，$F=275.8412>7.7086=F_{0.05}(1,4)$，因此拒绝 H_0，认为回归方程是显著的.

(2) t 检验

第 1 步：建立统计假设

$$H_0: \beta_1=0; \ H_1: \beta_1 \neq 0.$$

第 2 步：构造检验统计量

$$T=\frac{\hat{\beta}_1}{\hat{\sigma}/\sqrt{S_{xx}}} \sim t(4).$$

第 3 步：得到检验结论，根据例 4.2.1 的计算结果，$T=16.6085>2.7764=t_{0.025}(4)$，因此拒绝 H_0，认为自变量 x 对因变量 y 具有显著的影响.

例 4.2.2 的 MATLAB 实现：在例 4.2.1 的 MATLAB 实现基础上再编写如下程序

```
F=SSR/SSE*(n-2)
alpha=0.05;
F0=finv(1-alpha,1,n-2)
if F>F0
   disp('拒绝 H0')
else
   disp('接受 H0')
end
T=Beta1/sighat*sqrt(Sxx)
T0=tinv(1-alpha,n-2)
if abs(T)>T0
   disp('拒绝 H0')
else
   disp('接受 H0')
end
```

运行结果：

```
F=
275.8412
```

```
F0=
7.7086
拒绝 H0
T=
16.6085
T0=
2.7764
拒绝 H0
```

4.3 利用回归方程进行预测和控制

如果一元线性回归模型通过了各种检验并与事实相符，就可以使用回归方程对因变量进行预测和控制.

4.3.1 单值预测

单值预测就是根据已知的自变量 x_i，利用回归方程 $\hat{y}_i=\beta_0+\beta_1x_i$ 对 y_i 进行预测.

例 4.3.1 通过实验测得关于耐压强度 x 和各种混凝土混合料和辅料的内部渗透性 y 的数据，见表 4.3.1.

表 4.3.1 耐压强度和内部渗透性的实验数据

x	3.1	4.5	3.4	2.5	2.2	1.2	5.3	4.8	2.4	3.5	1.3	3.0	1.8
y	33.0	31.0	34.9	36.5	36.1	39.0	30.1	31.2	35.7	31.9	37.3	33.8	37.7

利用以上数据，解决下列问题：

（1）求 y 对 x 的回归直线；

（2）计算判定系数，并进行回归方程和回归系数的检验，若通过检验，则进一步预测当耐压强度为 3.2 时各种混凝土混合料和辅料的内部渗透性.

解 （1）利用表 4.3.1 中的数据计算得到

$$\bar{x}=\frac{1}{n}\sum_{i=1}^{n}x_i=3.0000,\ \bar{y}=\frac{1}{n}\sum_{i=1}^{n}y_i=34.4769,$$

$$S_{xx}=\sum_{i=1}^{n}(x_i-\bar{x})^2=\sum_{i=1}^{n}x_i^2-\frac{1}{n}\left(\sum_{i=1}^{n}x_i\right)^2=20.0200,$$

$$S_{xy}=\sum_{i=1}^{n}(x_i-\bar{x})(y_i-\bar{y})=\sum_{i=1}^{n}(x_i-\bar{x})y_i=-42.3000.$$

因此

$$\begin{cases}\hat{\beta}_1=\dfrac{S_{xy}}{S_{xx}}=-2.1129,\\ \hat{\beta}_0=\bar{y}-\hat{\beta}_1\bar{x}=40.8156.\end{cases}$$

故，经验回归方程

$$\hat{y}=40.8156-2.1129x.$$

（2）对拟合效果、回归方程和回归系数的显著性进行检验

1）计算判定系数：$R^2=0.9075$，说明回归直线对数据的拟合效果较好.

2）F 检验：经计算 $F=107.9415>4.84=F_{0.05}(1,11)$，因此拒绝原假设，认为回归方程是显著的.

3）t 检验：经计算 $|T|=10.3895>2.2010=t_{0.025}(11)$，因此拒绝原假设，认为自变量 x 对因变量 y 具有显著的影响.

由于计算结果通过了各种检验，因此可利用回归方程预测耐压强度为 3.2 时各种混凝土混合料和辅料的内部渗透性，$\hat{y}|_{x=3.2}=34.0543$.

例 4.3.1 的 MATLAB 实现

```
clc
clear all
y=[33.0,31.0,34.9,36.5,36.1,39.0,30.1,31.2,35.7,31.9,37.3,
33.8,37.7];
x=[3.1,4.5,3.4,2.5,2.2,1.2,5.3,4.8,2.4,3.5,1.3,3.0,1.8];
n=length(x);
X=[ones(n,1) x'];
[B,BINT,R,RINT,STATS]=regress(y',X)  %参数估计并返回残差、
判定系数和 F 值等
figure
rcoplot(R,RINT)  %画残差图
set(gca,'linewidth',0.75,'fontsize',20);
mdl=fitlm(x,y)  %参数估计并返回 T 值及其概率 p 值等
x0=3.2;
y0hat=B(1)+xi*B(2)
```

运行结果：

```
B=
40.8156
-2.1129
STATS=
0.9075   107.9415   0.0000   0.8280
mdl=
线性回归模型:
y~1+x
估计系数:
```

```
Estimate      SE      tStat      pValue
-----------------------------------------------------------------------
(Intercept)    40.8160    0.6602    61.819    2.4567e-15
X         -2.1129    0.2034    -10.389    5.0400e-07
观测值数目:13,误差自由度:11
均方根误差:0.91
R方:0.908,调整R方:0.899
F统计量(常量模型):108,p值=5.04e-07
y0hat=
34.0543
```

残差图如图 4.3.1 所示.

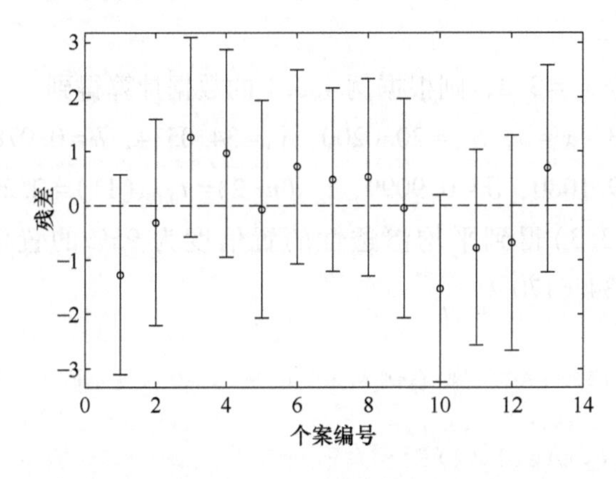

图 4.3.1 残差图

单值预测的目标 y_i 是一个随机变量，因而这个预测不能使用无偏性来衡量效果的好坏，而根据参数估计的性质可知 $E(\hat{y}_i)=E(y_i)=\beta_0+\beta_1 x_i$，可见预测值 $\hat{y}_i$ 是目标值的期望 $E(y_i)$ 的无偏估计.

4.3.2 区间预测

因变量的区间预测分两种情况：一种是新值的平均值的区间预测，另一种是新值的区间预测.

1. 新值的平均值的区间预测

由于 $E(y_0)=E(y \mid x=x_0)=\beta_0+\beta_1 x_0$，所以 $\hat{y}_0=\hat{\beta}_0+\hat{\beta}_1 x_0$ 是 $E(y_0)$ 的一个无偏估计. 根据式(4.1.14)可知

$$\hat{y}_0 \sim N(\beta_0+\beta_1 x_0, h\sigma^2),$$

其中，

$$h=\frac{1}{n}+\frac{(x_0-\bar{x})^2}{S_{xx}}.$$

根据式(4.1.14)可以证明

$$\frac{\hat{y}_0-E(y_0)}{\sqrt{h}\hat{\sigma}}\sim t(n-2). \tag{4.3.1}$$

因此式(4.3.1)可作为枢轴量，令 $T=\dfrac{\hat{y}_0-E(y_0)}{\sqrt{h}\hat{\sigma}}$，则在置信度为 1-$\alpha$ 条件下可以得到概率表达式

$$P\{|T|\leqslant t_{\alpha/2}(n-2)\}=1-\alpha, \tag{4.3.2}$$

进而，可以解得 $E(y_0)$ 的置信度为 $1-\alpha$ 的置信区间为

$$[\hat{y}_0-\sqrt{h}\hat{\sigma}t_{\alpha/2}(n-2),\hat{y}_0+\sqrt{h}\hat{\sigma}t_{\alpha/2}(n-2)]. \tag{4.3.3}$$

例 4.3.2 利用表 4.3.1 的数据计算当耐压强度为 3.2 时各种混凝土混合料和辅料的内部平均渗透性的置信度为 95% 的置信区间.

解 令 $x_0=3.2$，则根据例 4.3.1 的数据计算得到

$n=13$，$\bar{x}=3$，$S_{xx}=20.0200$，$\hat{y}_0=34.0534$，$h=0.0789$，

$\mathrm{SSE}=9.1080$，$\hat{\sigma}=0.9099$，$t_{\alpha/2}(n-2)=t_{0.025}(11)=2.2010$，

代入式(4.3.3)得到平均渗透性的置信度为 95% 的置信区间为 $[33.4917,34.6170]$.

例 4.3.2 的 MATLAB 实现:在例 4.3.1 的 MATLAB 实现基础上再编写如下程序

```
SSE=sum((y-yhat).^2);
sighat=sqrt(SSE/(n-2));
Sxx=sum((x-mx).^2);
h=1/n+(x0-mx)^2/Sxx;
alpha=1-0.95;
ta=tinv(1-alpha/2,n-2)
Ey0_L=y0hat-sqrt(h)*sighat*ta; %新值的均值的 95%区间预测下限
Ey0_U=y0hat+sqrt(h)*sighat*ta; %新值的均值的 95%区间预测上限
Ey0_Int=[Ey0_L Ey0_U]
Ey_L=yhat-sqrt(h)*sighat*ta; %所有点均值的 95%区间预测下限
Ey_U=yhat+sqrt(h)*sighat*ta; %所有点均值的 95%区间预测上限
Ey_Int=[Ey_L Ey_U]
plot(x,y,'o',x,yhat,x,Ey_L,'-.',x,Ey_U,'-.','linewidth',2)
```

运行结果:

```
Ey0_Int=
33.4917   34.6170
Ey_U=
```

```
33.7030  30.7450  33.0691  34.9707  35.6046  37.7175  29.0546
30.1111  35.1820  32.8578  37.5062  33.9143  36.4498
Ey_U=
34.8283  31.8702  34.1944  36.0960  36.7299  38.8428  30.1799
31.2364  36.3073  33.9831  38.6315  35.0396  37.5750
```

回归直线及其均值的95%区间预测如图4.3.2所示.

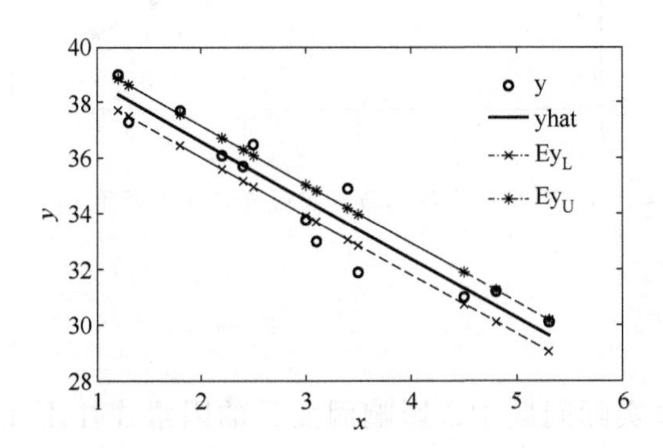

图4.3.2　回归直线及其均值的95%区间预测

2. 新值的区间预测

新值 y_0 的区间预测就是给出 y_0 的置信区间. 根据式(4.1.15)可以证明

$$\frac{y_0-\hat{y}_0}{\sqrt{1+h}\,\hat{\sigma}}\sim t(n-2), \tag{4.3.4}$$

因此式(4.3.4)可作为枢轴量，令 $T=\dfrac{y_0-\hat{y}_0}{\sqrt{1+h}\,\hat{\sigma}}$，则在置信度为 $1-\alpha$ 时，得到概率表达式

$$P\{|T|\leqslant t_{\alpha/2}\}=1-\alpha, \tag{4.3.5}$$

进而，可以解得 y_0 的置信度为 $1-\alpha$ 的置信区间为

$$[\hat{y}_0-\sqrt{1+h}\,\hat{\sigma}t_{\alpha/2}(n-2),\hat{y}_0+\sqrt{1+h}\,\hat{\sigma}t_{\alpha/2}(n-2)]. \tag{4.3.6}$$

例4.3.3　利用表4.3.1的数据计算当耐压强度为3.2时各种混凝土混合料和辅料的内部渗透性的置信度为95%的置信区间.

解　令 $x_0=3.2$，则根据例4.3.2的数据计算得到渗透性的置信度为95%的置信区间为[33.4917, 34.6170]. 在例4.3.2的MATLAB实现基础上稍加修改即可得到本例的MATLAB实现程序，此处不再赘述. 得到回归直线及其新值和新值均值的95%区间预测，如图4.3.3所示. 显然，新值的预测区间比新值的均值预测区间要宽.

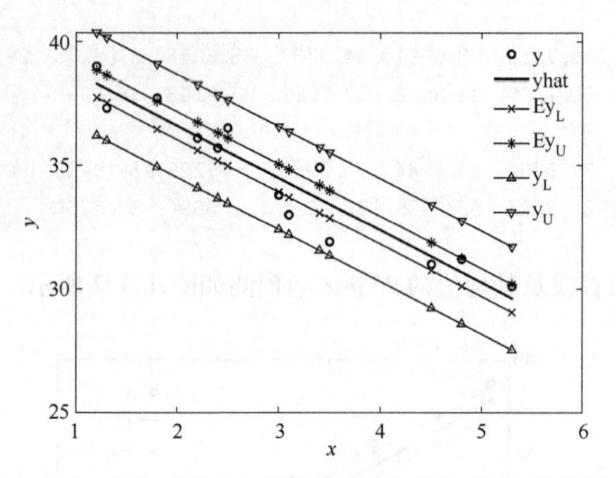

图 4.3.3 回归直线及其新值和新值均值的 95%区间预测

4.4 多元线性回归模型

在许多实际问题中，影响因变量的因素往往不止一个，这种一个因变量与多个自变量的线性回归模型就是多元线性回归. 本节介绍多元线性回归的参数估计、模型检验和预测等内容.

4.4.1 多元线性回归的参数估计

设随机变量 y 与 $k(k>1)$ 个自变量 $x_1,x_2,\cdots,x_k$ 的线性回归模型为

$$y=\beta_0+\beta_1x_1+\beta_2x_2+\cdots+\beta_kx_k+\varepsilon, \tag{4.4.1}$$

其中，$\beta_0,\beta_1,\cdots,\beta_k$ 为未知参数，且 $\varepsilon\sim N(0,\sigma^2)$.

设$(x_{i1},x_{i2},\cdots,x_{ik},y_i),i=1,2,\cdots,n$ 为样本观测值，同一元线性回归模型参数估计方法一样，采用最小二乘法估计回归系数 $\beta_0,\beta_1,\cdots,\beta_k$，即通过误差平方和

$$Q(\beta_0,\beta_1,\cdots,\beta_k)=\sum_{i=1}^{n}\varepsilon_i^2=\sum_{i=1}^{n}[y_i-(\beta_0+\beta_1x_{i1}+\beta_2x_{i2}+\cdots+\beta_kx_{ik})]^2$$

的最小值得到对应的参数估计结果. 采用多元函数求极值的方法，对 $Q(\beta_0,\beta_1,\cdots,\beta_k)$ 分别关于 $\beta_0,\beta_1,\cdots,\beta_k$ 求一阶偏导数并令其为零，得到方程组

$$\begin{cases}\dfrac{\partial Q(\beta_0,\beta_1,\cdots,\beta_k)}{\partial\beta_0}=-2\sum\limits_{i=1}^{n}(y_i-\beta_0-\beta_1x_{i1}-\beta_2x_{i2}-\cdots-\beta_kx_{ik})=0,\\ \dfrac{\partial Q(\beta_0,\beta_1,\cdots,\beta_k)}{\partial\beta_1}=-2\sum\limits_{i=1}^{n}x_{i1}(y_i-\beta_0-\beta_1x_{i1}-\beta_2x_{i2}-\cdots-\beta_kx_{ik})=0,\\ \vdots\\ \dfrac{\partial Q(\beta_0,\beta_1,\cdots,\beta_k)}{\partial\beta_k}=-2\sum\limits_{i=1}^{n}x_{ik}(y_i-\beta_0-\beta_1x_{i1}-\beta_2x_{i2}-\cdots-\beta_kx_{ik})=0,\end{cases} \tag{4.4.2}$$

式(4.4.2)经过进一步化简得到**正规方程组**

$$
\begin{cases}
n\beta_0+\beta_1\sum\limits_{i=1}^{n}x_{i1}+\beta_2\sum\limits_{i=1}^{n}x_{i2}+\cdots+\beta_k\sum\limits_{i=1}^{n}x_{ik}=\sum\limits_{i=1}^{n}y_i,\\
\beta_0\sum\limits_{i=1}^{n}x_{i1}+\beta_1\sum\limits_{i=1}^{n}x_{i1}^2+\beta_2\sum\limits_{i=1}^{n}x_{i1}x_{i2}+\cdots+\beta_k\sum\limits_{i=1}^{n}x_{i1}x_{ik}=\sum\limits_{i=1}^{n}x_{i1}y_i,\\
\qquad\qquad\vdots\\
\beta_0\sum\limits_{i=1}^{n}x_{ik}+\beta_1\sum\limits_{i=1}^{n}x_{ik}x_{i1}+\beta_2\sum\limits_{i=1}^{n}x_{ik}x_{i2}+\cdots+\beta_k\sum\limits_{i=1}^{n}x_{ik}^2=\sum\limits_{i=1}^{n}x_{ik}y_i,
\end{cases}
\tag{4.4.3}
$$

解式(4.4.3)即可得到参数 $\beta_0,\beta_1,\cdots,\beta_k$ 的最小二乘估计 $\hat{\beta}_0,\hat{\beta}_1,\cdots,\hat{\beta}_k$，进而得到回归方程

$$\hat{y}=\hat{\beta}_0+\hat{\beta}_1x_1+\hat{\beta}_2x_2+\cdots+\hat{\beta}_kx_k. \tag{4.4.4}$$

为方便起见，可以将多元线性回归模型表示为矩阵形式，令

$$
\boldsymbol{X}=\begin{pmatrix}1 & x_{11} & x_{12} & \cdots & x_{1k}\\ 1 & x_{21} & x_{22} & \cdots & x_{2k}\\ \vdots & \vdots & \vdots & & \vdots\\ 1 & x_{n1} & x_{n2} & \cdots & x_{nk}\end{pmatrix},\ \boldsymbol{y}=\begin{pmatrix}y_1\\ y_2\\ \vdots\\ y_n\end{pmatrix},\ \hat{\boldsymbol{y}}=\begin{pmatrix}\hat{y}_1\\ \hat{y}_2\\ \vdots\\ \hat{y}_n\end{pmatrix},
$$

$$
\boldsymbol{\beta}=\begin{pmatrix}\beta_0\\ \beta_1\\ \vdots\\ \beta_k\end{pmatrix},\ \hat{\boldsymbol{\beta}}=\begin{pmatrix}\hat{\beta}_0\\ \hat{\beta}_1\\ \vdots\\ \hat{\beta}_k\end{pmatrix},\ \boldsymbol{\varepsilon}=\begin{pmatrix}\varepsilon_1\\ \varepsilon_2\\ \vdots\\ \varepsilon_n\end{pmatrix},
$$

式(4.4.1)可变为

$$\boldsymbol{y}=\boldsymbol{X\beta}+\boldsymbol{\varepsilon}, \tag{4.4.5}$$

其中，

$$\boldsymbol{\varepsilon}\sim N(0,\sigma^2\boldsymbol{I}_n).$$

式(4.4.3)表示的正规方程组可变为

$$\boldsymbol{X}^{\mathrm{T}}\boldsymbol{X\beta}=\boldsymbol{X}^{\mathrm{T}}\boldsymbol{y},$$

若矩阵 $\boldsymbol{X}^{\mathrm{T}}\boldsymbol{X}$ 可逆，记 $(\boldsymbol{X}^{\mathrm{T}}\boldsymbol{X})^{-1}=(c_{ij})=\boldsymbol{C}$，则参数向量 $\boldsymbol{\beta}$ 的最小二乘估计为

$$\hat{\boldsymbol{\beta}}=\boldsymbol{CX}^{\mathrm{T}}\boldsymbol{y}, \tag{4.4.6}$$

那么，式(4.4.4)表示的回归方程可变为

$$\bar{\boldsymbol{y}}=\boldsymbol{X}\hat{\boldsymbol{\beta}}. \tag{4.4.7}$$

下面不加证明地给出多元线性回归最小二乘估计的性质.

性质1 $\hat{\boldsymbol{\beta}}$ 是随机向量 $\boldsymbol{y}$ 的一个线性变换.

性质2 $\hat{\boldsymbol{\beta}}$ 是 $\boldsymbol{\beta}$ 的无偏估计，即 $E(\hat{\boldsymbol{\beta}})=\hat{\boldsymbol{\beta}}$.

性质 3 $\mathrm{Var}(\hat{\boldsymbol{\beta}})=\sigma^2\boldsymbol{C}$.

性质 4 $\mathrm{Cov}(\hat{\boldsymbol{\beta}},\boldsymbol{\varepsilon})=0$.

性质 5 $\boldsymbol{y}\sim N(\boldsymbol{X\beta},\sigma^2\boldsymbol{I}_n)$, $\hat{\boldsymbol{\beta}}\sim N(\boldsymbol{\beta},\sigma^2\boldsymbol{C})$, $\dfrac{\mathrm{SSE}}{\sigma^2}\sim\chi^2(n-k-1)$.

矩阵形式不仅简洁方便，而且为多元线性回归的显著性检验和软件实现打下了基础.

4.4.2 拟合优度与显著性检验

1. 拟合优度

多元线性回归的拟合优度依然使用判定系数来度量，只不过多元线性回归需要使用调整的判定系数来度量回归方程的拟合程度. 这是因为自变量个数变化将影响到因变量的变差中被估计的回归方程所解释的比例. 自变量个数增加时，会使预测误差变小，从而使判定系数变大，但实际上回归方程对数据的拟合程度可能并没有提高. 即使增加的这个自变量并不显著，也会使判定系数增大. 鉴于此，统计学家提出了使用样本容量 n 和自变量个数 k 来调整判定系数，称之为**调整的判定系数**，计算公式为

$$R_a^2=1-\frac{n-1}{n-k-1}(1-R^2),$$

其中，R^2 表示 4.2 节介绍的判定系数，在多元线性回归中称之为**多重判定系数**.

2. 标准误差的估计

多元线性回归的残差的方差 σ^2 的估计值通过 SSE 除以 $n-k-1$ 得到，减少 $k+1$ 是因为估计了 $k+1$ 个参数 $\beta_0,\beta_1,\cdots,\beta_k$，会损失 $k+1$ 个自由度，即 σ^2 的估计量为

$$\hat{\sigma}^2=\frac{\mathrm{SSE}}{n-k-1},$$

因此，标准误差 σ 的估计量为

$$\hat{\sigma}=\sqrt{\frac{\mathrm{SSE}}{n-k-1}}. \tag{4.4.8}$$

3. 回归方程的检验

多元线性回归的回归方程的检验与一元线性回归类似，也称为 F **检验**，具体步骤如下：

第1步：建立统计假设

H_0：$\beta_1=\beta_2=\cdots=\beta_k=0$；$H_1$：$\beta_1,\beta_2,\cdots,\beta_k$ 不全为0.

第2步：构造检验统计量

$$F=\frac{\mathrm{SSR}/k}{\mathrm{SSE}/(n-k-1)}\sim F(k,n-k-1).$$

第3步：得到检验结论.

当给定显著性水平 α 时，临界值为 $F_\alpha(k,n-k-1)$，拒绝域为$(F_\alpha(k,n-k-1),+\infty)$. 根据假设检验原理，当统计量 F 满足 $F>F_\alpha(k,n-k-1)$时，拒绝原假设，认为回归方程是显著的，可以用回归方程来表示因变量 y 和自变量 x 之间的关系，反之则相反.

4. 回归系数的检验

与一元线性回归类似，回归系数的显著性检验方法，又称为 **t 检验**，具体步骤如下：

第1步：建立统计假设，对于每一个回归系数β_i，$i=0,1,\cdots,k$，有

$$H_0: \beta_i=0;\ H_1: \beta_i\neq 0.$$

第2步：构造检验统计量

$$T_i=\frac{\hat{\beta}_i}{\hat{\sigma}\sqrt{c_{ii}}}\sim t(n-k-1),\ i=0,1,\cdots,k,$$

其中，$\hat{\sigma}$ 为式(4.4.8)表示的关于标准误差的估计，c_{ii} 为$(\boldsymbol{X}^{\mathrm{T}}\boldsymbol{X})^{-1}=(c_{ij})=\boldsymbol{C}$ 的主对角线元素.

第3步：得到检验结论.

该问题为双侧检验，当给定显著性水平 α 时，临界值为 $t_{\alpha/2}(n-k-1)$，拒绝域为$(-t_{\alpha/2}(n-k-1),\ t_{\alpha/2}(n-k-1))$. 根据假设检验原理，当统计量 T 满足 $|T|>t_{\alpha/2}(n-k-1)$时，拒绝原假设，认为自变量 x_i 对因变量 y 具有显著的影响，反之则相反.

例 4.4.1 设某种水泥在凝固时所释放的热量 y 与水泥中的下列4种化学成分含量有关.

x_1：$3CaO\cdot Al_2O_3$ 的含量(%)，

x_2：$3CaO\cdot SiO_2$ 的含量(%)，

x_3：$4CaO\cdot Al_2O_3\cdot Fe_2O_3$ 的含量(%)，

x_4：$2CaO\cdot SiO_2$ 的含量(%)，

实验测得数据见表4.4.1.

表4.4.1 热量与物质含量数据

y	x_1	x_2	x_3	x_4
78.5	7	26	6	60
74.3	1	29	15	52

(续)

y	x_1	x_2	x_3	x_4
104.3	11	56	8	20
87.5	11	31	8	48
95.6	7	52	6	33
109.6	11	55	9	22
102.7	3	54	17	6
72.5	1	31	22	44
93.1	2	32	18	24
115.9	21	47	4	26
83.9	1	40	23	34
113.3	11	66	9	12
109.4	10	66	8	12

试求 y 对 x_1，x_2，x_3，x_4的回归方程，计算调整的判定系数，并进行回归方程和回归系数的显著性检验.

解 (1) 回归方程

根据 $\hat{\boldsymbol{\beta}}=(\boldsymbol{X}^{\mathrm{T}}\boldsymbol{X})^{-1}\boldsymbol{X}^{\mathrm{T}}\boldsymbol{y}=(112.6223, 1.0593, -0.0143, -0.3989, -0.6535)^{\mathrm{T}}$,

因此，回归方程

$$\bar{\boldsymbol{y}}=\boldsymbol{x}\hat{\boldsymbol{\beta}}=112.6223+1.0593x_1-0.0143x_2-0.3989x_3-0.6535x_4.$$

(2) 多重判定系数

$$R^2=\frac{\mathrm{SSR}}{\mathrm{SST}}=0.9796,$$

调整的判定系数为

$$R_a^2=1-\frac{n-1}{n-p-1}(1-R^2)=0.9694.$$

(3) F 检验

检验统计量 $F=96.2668>3.84=F_{0.05}(4,8)$，因此拒绝 H_0，认为回归方程是显著的.

(4) t 检验

检验 $T_i=\dfrac{\hat{\beta}_i}{\hat{\sigma}\sqrt{c_{ii}}}\sim t(8)$，$i=0,1,\cdots,4$，临界值为 $t_{0.025}(8)=1.8595$，各回归系数的显著性检验结果见表 4.4.2.

表 4.4.2 回归系数的显著性检验结果

参数	$\hat{\beta}_i$	c_{ii}	T_i	p 值	显著性
常数项	112.62	12.138	9.2788	1.48×10^{-5}	显著
x_1	1.0593	0.25218	4.2004	0.0030	显著

（续）

参数	$\hat{\beta}_i$	c_{ii}	T_i	p 值	显著性
x_2	-0.0143	0.1354	-0.1057	0.9185	不显著
x_3	-0.3990	0.2565	-1.5551	0.1585	不显著
x_4	-0.6535	0.1125	-5.8074	0.0004	显著

因此，认为自 x_1 和 x_4 对 y 的影响是显著的，而 x_2 和 x_3 对 y 的影响不显著.

例 4.4.1 的 MATLAB 实现

```
clc
clear all
y=[78.5, 74.3, 104.3, 87.5, 95.6, 109.6, 102.7, 72.5, 93.1,
115.9, 83.9, 113.3, 109.4]';
x1=[7,1,11,11,7,11,3,1,2,21,1,11,10]';
x2=[26,29,56,31,52,55,54,31,32,47,40,66,66]';
x3=[6,15,8,8,6,9,17,22,18,4,23,9,8]';
x4=[60,52,20,48,33,22,6,44,24,26,34,12,12]';
n=length(y)';
X=[ones(n,1) x1 x2 x3 x4];
B=inv(X'*X)*X'*y
[B,BINT,R,RINT,STATS]=regress(y,X)
x=[x1 x2 x3 x4];
mdl=fitlm(x,y)
```

运行结果：

```
B=
112.6223
1.0593
-0.0143
-0.3989
-0.6535
STATS=
0.9796    96.2668    0.0000    6.9352
mdl=
线性回归模型:
y~1+x1+x2+x3+x4
估计系数:
                 Estimate       SE          tStatpValue
------------------------------------------------------------
(Intercept)      112.62        12.138      9.2788     1.48e-05
x1               1.0593        0.25218     4.2004     0.0029947
x2               -0.014303     0.13536     -0.10567   0.91845
x3               -0.39894      0.25653     -1.5551    0.15853
x4               -0.65352      0.11253     -5.8074    0.00040174
```

```
观测值数目:13,误差自由度:8
均方根误差:2.63
R方:0.98,调整R方:0.969
F统计量(常量模型):96.3,p值=8.44e-07
```

4.5 非线性回归

在许多工程数据分析中，有时会遇到无法用线性回归来解决的复杂问题，此时变量间的关系为非线性关系，需要建立非线性回归模型. 而在某些情况下，也可以通过适当的变量替换，将非线性回归转换成线性回归问题.

4.5.1 可线性化的一元非线性回归

1. 指数模型

$$y=\alpha e^{\beta x}\varepsilon,\ \ln\varepsilon\sim N(0,\sigma^2),$$

其中，α,β,σ^2 是与 x 无关的未知参数，$\alpha>0$，$\beta\neq0$. 将上式两边取对数得

$$\ln y=\ln\alpha+\beta x+\ln\varepsilon,$$

令 $y'=\ln y$，$\beta_0=\ln\alpha$，$\beta_1=\beta$，$\varepsilon'=\ln\varepsilon$，即可转化为一元线性模型

$$y'=\beta_0+\beta_1x+\varepsilon',\ \varepsilon'\sim N(0,\sigma^2).$$

2. 幂函数模型

$$y=\alpha x^{\beta}\varepsilon,\ \ln\varepsilon\sim N(0,\sigma^2),$$

其中，α,β,σ^2 是与 x 无关的未知参数，将上式两边取对数得

$$\ln y=\ln\alpha+\beta\ln x+\ln\varepsilon,$$

令 $y'=\ln y$，$\beta_0=\ln\alpha$，$\beta_1=\beta$，$x'=\ln x$，$\varepsilon'=\ln\varepsilon$，即可转化为一元线性模型

$$y'=\beta_0+\beta_1x'+\varepsilon',\ \varepsilon'\sim N(0,\sigma^2).$$

3. 双曲线模型

$$y=\beta_0+\frac{\beta_1}{x}+\varepsilon,\ \varepsilon\sim N(0,\sigma^2),$$

其中，β_0,β_1,σ^2 是与 x 无关的未知参数. 令 $t=\frac{1}{x}$，可将上式转化为一元线性模型

$$y=\beta_0+\beta_1t+\varepsilon,\ \varepsilon\sim N(0,\sigma^2).$$

4. 一般情形

$$g(y)=\alpha+\beta h(x)+\varepsilon,\ \varepsilon\sim N(0,\sigma^2),$$

其中，α,β,σ^2 是与 x 无关的未知参数，令 $y'=g(y)$，$\beta_0=\alpha$，$\beta_1=\beta$，$x'=h(x)$，即可转化为一元线性模型

$$y'=\beta_0+\beta_1 x'+\varepsilon,\ \varepsilon\sim N(0,\sigma^2).$$

由此可见，上述模型因变量 y 与自变量 x 之间的关系非线性，但通过某种变量的替换可将其转换为线性回归模型.

4.5.2 非线性回归

在这里，介绍一般的非线性回归模型. 对于自变量 $x_1,x_2,\cdots,x_k$ 和因变量 y 的观测值 $\boldsymbol{x}_i=(x_{i1},x_{i2},\cdots,x_{ik})^{\mathrm{T}}$，$i=1,2,\cdots,n$ 和 y_1，y_2，$\cdots$，y_n，有

$$y_i=f(\boldsymbol{x}_i,\boldsymbol{\theta})+\varepsilon_i,\ i=1,2,\cdots,n, \tag{4.5.1}$$

其中，$\boldsymbol{\theta}=(\theta_0,\theta_1,\cdots,\theta_p)$ 为未知的参数向量，随机扰动项 ε_i 独立同分布于 $N(0,\sigma^2)$.

对于式(4.5.1)表示的非线性回归模型，依然可以采用最小二乘法进行参数估计. 令

$$Q(\boldsymbol{\theta})=\sum_{i=1}^{n}(y_i-f(\boldsymbol{x}_i,\boldsymbol{\theta}))^2, \tag{4.5.2}$$

则式(4.5.2)的最小值点 $\hat{\boldsymbol{\theta}}$ 就是参数向量 $\boldsymbol{\theta}$ 的最小二乘估计.

值得注意的是，在非线性回归中平方和分解 SST=SSR+SSE 已不再成立. 同时在非线性回归中，用**相关指数**

$$R^2=1-\frac{\mathrm{SSE}}{\mathrm{SST}}$$

度量拟合优度.

注：非线性回归模型要比线性回归模型复杂得多，参数估计也比较困难，因此学者们很多时候都利用软件来实现，下面通过例题介绍非线性回归的 MATLAB 实现.

例 4.5.1 经研究发现，一种应用于装备制造的模具容积的变化量 y 会随着使用次数 x 发生变化，且满足 $y=\alpha_0\mathrm{e}^{\frac{\alpha_1}{x}}$，实验测得数据见表 4.5.1.

表 4.5.1 模具的使用次数与容积变化量实验数据

x	1	2	3	4	5	6	7	8	9	10	11	12	13	14	15	16
y	6.4	8.2	9.6	9.5	9.7	9.7	10	9.9	10	10	11	10	11	11	11	11

试根据以上数据，预测使用次数为 17，19，20 时，模具容积的变化量.

解 采用 MATLAB 实现非线性回归的参数估计及预测.

```
例 4.5.1 的 MATLAB 实现
function Nlinear   %主函数
clc
clear all
x=[1,2,3,4,5,6,7,8,9,10,11,12,13,14,15,16];
y=[6.4,8.2,9.6,9.5,9.7,9.7,10,9.9,10,10,11,10,11,11,11,
11];
my=mean(y);
b0=[8,2];
v=@ (B,x)myfun(B,x);
[B r J]=nlinfit(x',y',v,b0);
[yhat delta]=nlpredci(v,x',B,r,J);
SST=sum((y-my).^2)
SSR=sum((yhat-my).^2)
R2=SSR/SST
xi=[17,19,20];
yi=myfun(B,xi)
plot(x,y,'o',x,yhat)
end
function v=myfun(B,x)   %子函数
v=B(1)*exp(B(2)./x);
end
运行结果:
B=
11.0357  -0.5630
SST=
21.5500
SSR=
19.7214
R2=
0.9151
yi=
10.6762  10.7135  10.7294
```

回归曲线如图 4.5.1 所示.

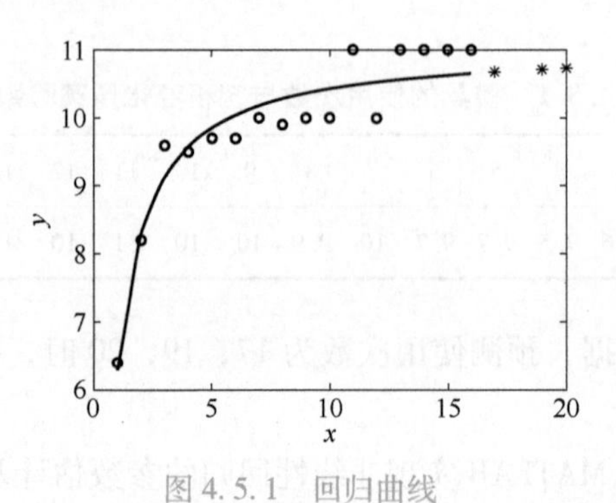

图 4.5.1 回归曲线

因此，回归方程为 $y=11.0357e^{-\frac{0.5630}{x}}$，使用次数为17，19，20时，模具容积的变化量分别为10.6762，10.7135，10.7294.

习题4

1. 一段特殊流域河流表面水中的食盐含量 y(mg/L)和该流域的路面面积占比 x(%)数据见下表.

观测序号	1	2	3	4	5	6	7	8	9	10
y	3.8	5.9	14.1	10.4	14.6	14.5	15.1	11.9	15.5	9.3
x	0.19	0.15	0.57	0.4	0.7	0.67	0.63	0.47	0.75	0.6
观测序号	11	12	13	14	15	16	17	18	19	20
y	15.6	20.8	14.6	16.6	25.6	20.9	29.9	19.6	31.3	32.7
x	0.78	0.81	0.78	0.69	1.3	1.05	1.52	1.06	1.74	1.62

根据以上的数据完成下列问题：

（1）求 y 关于 x 的回归方程；

（2）计算SSE，并估计方差；

（3）估计回归系数的标准误差；

（4）验证SST=SSR+SSE.

2. 调查了一段路面的表面温度 y(℃)和路面倾斜度(%)的数据如下：

观测序号	1	2	3	4	5	6	7	8	9	10
y	70	72.7	77	67.8	72.1	76.6	72.8	73.4	78.3	70.5
x	0.62	0.64	0.66	0.63	0.64	0.65	0.62	0.63	0.66	0.63
观测序号	11	12	13	14	15	16	17	18	19	20
y	74.5	72.1	74	71.2	72.4	73	75.2	72.7	76	71.4
x	0.64	0.63	0.64	0.64	0.63	0.63	0.64	0.63	0.64	0.64

（1）求 y 关于 x 的回归方程；

（2）计算判定系数 R^2，并对拟合效果进行评价；

（3）对回归方程和回归系数的显著性进行检验；

（4）当路面倾斜度为0.65时，给出表面温度的单值预测及95%的区间预测.

3. 某环保材料的硬度 y(N/mm^2)与其所处环境中的温度 x(℃)之间存在某种相关关系，由以往的生产记录得到如下数据：

观测序号	1	2	3	4	5	6	7	8
y	117.45	115.83	113.67	105.57	103.95	102.6	102.6	99.9
x	55.95	57.75	61.35	63.55	63.95	63.95	64.35	68.15

（1）求 y 关于 x 的回归方程；

（2）评价拟合优度，并对回归方程和回归系数进行检验；

（3）利用回归方程计算环境中温度分别为55.25℃和70.25℃时，该环保材料的平均硬度的95%的置信区间.

4. 测得某物质在不同温度 x(℃)下吸附另一物质的质量 y 的数据如下：

观测序号	1	2	3	4	5	6	7	8	9
y	8.3	9.7	11.9	14.1	18.5	21.1	22.3	23.1	25.7
x	2.0	2.3	3.1	3.9	4.6	5.1	5.7	6.2	6.5

利用以上数据，解决如下问题：

（1）求 y 对 x 的回归直线；

（2）评价拟合优度，并对回归方程和回归系数进行检验；

（3）给出回归系数的95%置信区间；

（4）预测温度为3.5 ℃时吸附另一物质的质量及其95%的置信区间.

5. 一台化学设备每月的电量消耗 y(kW·h)认为与周围平均温度 x_1(℃)、所在月份的工作天数 x_2、平均产品纯度 x_3(%)和生产的产品质量 x_4(t)相关. 过去一年的历史数据列举如下：

观测序号	y	x_1	x_2	x_3	x_4
1	240	25	24	91	100
2	236	31	21	90	95
3	290	45	24	88	110

(续)

观测序号	y	x_1	x_2	x_3	x_4
4	274	60	25	87	88
5	301	65	25	91	94
6	316	72	26	94	99
7	300	80	25	87	97
8	296	84	25	86	96
9	267	75	24	88	110
10	276	60	25	91	105
11	288	50	25	90	100
12	261	38	23	89	98

(1) 估计回归系数，写出多元线性回归模型；

(2) 计算 SSE 并估计方差；

(3) 计算判定系数 R^2 和调整的判定系数 R_a^2；

(4) 检验回归方程的显著性；

(5) 检验每个回归系数的显著性.

6. 半导体公司的一个工程师想模拟设备 HFE(y)和三个参数 Emitter-RS (x_1)，Base-RS(x_2)，Emitter-to-Base RS(x_3)，数据如下：

观测序号	y	x_1	x_2	x_3
1	128.4	14.62	226	7
2	52.62	15.63	220	3.375
3	113.9	14.62	217.4	6.375
4	98.01	15	220	6
5	139.9	14.5	226.5	7.625
6	102.6	15.25	224.1	6
7	48.14	16.12	220.5	3.375
8	109.6	15.13	223.5	6.125
9	82.68	15.5	217.6	5
10	112.6	15.13	228.5	6.625
11	97.52	15.5	230.2	5.75
12	59.06	16.12	226.5	3.75
13	111.8	15.13	226.6	6.125
14	89.09	15.63	225.6	5.375

(续)

观测序号	y	x_1	x_2	x_3
15	101	15.38	229.7	5.875
16	171.9	14.38	234	8.875
17	66.8	15.5	230	4
18	157.1	14.25	224.3	8
19	208.4	14.5	240.5	10.87
20	133.4	14.62	223.7	7.375

(1) 估计回归系数，写出多元线性回归模型；

(2) 计算 SSE 并估计方差；

(3) 计算判定系数 R^2 和调整的判定系数 R_a^2；

(4) 检验回归方程的显著性；

(5) 检验每个回归系数的显著性.

7. 为研究生产率(单位/周)与废品率(%)之间的关系，记录了如下数据：

废品率	5.2	6.5	6.8	8.1	10.2	10.3	13
生产率	1000	2000	3000	3500	4000	4500	5000

请画出散点图，并根据散点图的趋势拟合适当的回归模型.

8. 某种金属材料的电阻 $y(\Omega)$ 与其横截面面积 $x(\mathrm{mm}^2)$ 的数据如下：

观测序号	1	2	3	4	5	6	7
y	0.09	0.1	0.12	0.13	0.15	0.17	0.19
x	4.06	3.8	3.6	3.4	3.2	3	2.8

观测序号	8	9	10	11	12	13	14
y	0.22	0.24	0.35	0.44	0.62	0.94	1.62
x	2.6	2.4	2.2	2	1.8	1.6	1.4

假定 y 与 x 之间的关系满足 $y=\alpha_0+\frac{\alpha_1}{x}$，试根据以上数据，预测横截面面积为 $3.5\mathrm{mm}^2$ 和 $4.5\mathrm{mm}^2$ 时的电阻值.

第5章 方差分析

前面几章我们讨论的是一个总体或两个总体的统计分析问题，在实际工作中我们还会遇到多个总体均值的比较问题，即通过对试验数据进行分析，检验方差相同的各正态总体的均值是否相等，以判断各因素对试验指标的影响是否显著. 而**方差分析**(Analysis of Variance，ANOVA)正是处理这类问题通常采用的方法，该方法是英国统计学家费希尔于20世纪20年代在进行试验设计时为了解释试验数据而引入的. 目前，方差分析方法被广泛用于分析心理学、生物学、工程和医药等的实验数据的处理中. 例如：农作物的产量受种子品种、施肥量及肥料品种、土质、水分及管理方法等因素的影响. 通过对实验数据的分析，考察哪些因素影响较大，哪些影响较小，从而进一步研究各因素的影响程度. 本章主要介绍单因素方差分析、双因素方差分析.

中国数学家与数学家精神：“最具诗意”的数学家——严加安

5.1 单因素方差分析

在实际问题中，某个指标的取值，往往可能与多个因素有关. 例如：化工生产中，化工产品的质量和数量可能与原料成分有关，可能与催化剂、反应温度有关，也可能与压力、反应时间有关等. 由于因素很多，自然就会产生这样的问题：这些因素，对于指标的取值，是否都有显著的作用？如果不是所有的因素都有显著的作用，那么哪些因素的作用显著？哪些因素的作用不显著？另外，这些因素的作用，是简单地叠加在一起的，还是以更复杂的形式交错在一起的？以上问题，都需要从实验数据出发，加以判断、分析、得出结论. 方差分析就是一种能解决这类问题的有效的统计方法.

5.1.1 基本概念

为了更好地理解方差分析的含义，先通过一个例子来说明方差分析的有关概念.

例 5.1.1 设有三台机器，用来生产规格相同的铝合金薄板. 取样，测量薄板的厚度精确至千分之一厘米. 结果见表 5.1.1.

表 5.1.1 铝合金薄板的厚度

机器Ⅰ	机器Ⅱ	机器Ⅲ
0.236	0.257	0.258
0.238	0.253	0.264
0.248	0.255	0.259
0.245	0.254	0.267
0.243	0.261	0.262

考察各台机器所生产的薄板的厚度有无显著的差异，即在假设除机器这一因素外，材料的规格、操作人员的水平等其他条件都相同，考察机器这一因素对厚度有无显著的影响. 为了便于表述和进一步深入地研究，引进一些统计量和相应的概念.

定义 5.1.1 检验多个总体均值是否相等(通常通过分析数据的误差判断各总体均值是否相等)的统计方法，称为**方差分析**.

定义 5.1.2 在方差分析中所要检验的对象称为**因素**或**因子**，用 $A,B,C,\cdots$ 表示.

定义 5.1.3 因子 A 的不同状态称为**水平**，用 $A_1,A_2,\cdots,A_r$ 表示.

定义 5.1.4 在一项试验的过程中，只有一个因素水平在改变的试验称为**单因素试验**. 处理单因素试验的统计推断方法称为**单因素方差分析**.

定义 5.1.5 有多个因素水平在改变的试验称为**多因素试验**，相应的统计推断方法称为**多因素方差分析**.

例如，在例 5.1.1 中，试验的指标是薄板的厚度，机器为因素，不同的三台机器就是这个因素的三个不同的水平. 显然该例子中除机器这一因素外，其他条件都相同，这是单因素试验.

5.1.2 单因素试验方差分析的数学模型

下面给出单因素试验方差分析的一般模型.

设因素A有r个水平，记为$A_1,A_2,\cdots,A_r$，在水平$A_i(i=1,2,\cdots,r)$下考察的指标看成一个总体，故有r个总体，假设：

（1）每一个总体均为正态总体，记为$N(\mu_i,\sigma_i^2)(i=1,2,\cdots,r)$；

（2）各总体的方差相同，记为$\sigma_1^2=\sigma_2^2=\cdots=\sigma_r^2=\sigma^2$；

（3）从每一总体中抽取的样本是相互独立的，即所有的试验结果X_{ij}都相互独立.

方差分析的任务是检验因素的水平变化对响应变量的平均值是否有显著影响，即要对如下假设进行检验，

$$H_0:\ \mu_1=\mu_2=\cdots=\mu_r,$$

备择假设为 $H_1:\ \mu_1,\mu_2,\cdots,\mu_r$ 不全相等.

若H_0成立，因素A的r个水平均值相同，称因素A的r个水平间没有显著差异，即称因素A不显著；反之，若H_1成立，因素A的r个水平均值不全相同，称因素A的r个水平间有显著差异，即称**因素A显著**. 其中原假设H_0成立与否通过样本观测值之间的差异体现. 设第i个水平下，第j次试验结果为x_{ij}，总体获得n_i个试验结果$x_{i1},x_{i2},\cdots,x_{in_i}$，其中$i=1,2,\cdots,r$，$j=1,2,\cdots,n_i$. 故总试验次数为$n=n_1+n_2+\cdots+n_r$.

在水平A_i下的试验结果x_{ij}与该水平下的指标均值μ_i一般总是存在差距的，该差距主要来源于随机误差ε_{ij}和可能存在的μ_i之间的差异. 于是有

$$x_{ij}=\mu_i+\varepsilon_{ij}(i=1,\ 2,\ \cdots,\ r;\ j=1,\ 2,\ \cdots,\ n_i). \quad (5.1.1)$$

式(5.1.1)称为试验结果x_{ij}的**数据结构式**. 基于以上三个假设可以得到单因素方差分析的统计模型

$$\begin{cases}x_{ij}=\mu_i+\varepsilon_{ij}(i=1,2,\cdots,r;\ j=1,2,\cdots,n_i),\\ \varepsilon_{ij}\overset{\text{iid}}{\sim}N(0,\sigma^2).\end{cases} \quad (5.1.2)$$

为了更好地描述数据，需引入

$$\mu=\frac{1}{n}\sum_{i=1}^{r}n_i\mu_i \quad (5.1.3)$$

和

$$\delta_i=\mu_i-\mu(i=1,2,\cdots,r). \quad (5.1.4)$$

式(5.1.3)为μ_i的加权平均，即所有试验结果的均值的平均，称为**总均值**. 式(5.1.4)为第i个水平均值μ_i与总均值μ的差，称为因素A的第i个水平的**主效应**. 故$\sum\limits_{i=1}^{r}n_i\delta_i=0$且$\mu_i=\mu+\delta_i(i=1,2,\cdots,r)$，这表明第$i$个水平均值是由总均值与该水平的效应叠加而成的，从而式(5.1.2)可以改写为

$$\begin{cases} x_{ij}=\mu+\delta_i+\varepsilon_{ij}(i=1,2,\cdots,r;j=1,2,\cdots,n_i), \\ \sum_{i=1}^{r} n_i\delta_i=0, \\ \varepsilon_{ij}\sim N(0,\sigma^2), \end{cases} \tag{5.1.5}$$

检验假设问题等价于

$$H_0:\ \delta_1=\delta_2=\cdots=\delta_r=0,$$

备择假设 H_1: 至少有一个 δ_i 不为零.

5.1.3 统计分析

方差分析时，需要分析数据之间差异的来源. 首先，因素在同一水平下，样本各观测值之间存在差异，这种差异可以看成是由随机因素的影响造成的，或是由抽样的随机性所造成的，称为**随机误差**. 其次，因素的不同水平之间观测值存在差异，这种差异可能是由于抽样的随机性所造成的，也可能是由于试验本身所造成的，称为**系统误差**. 将引起误差的两个原因用另外两个量表示出来，即为方差分析中常用的平方和分解法.

1. 离差平方和分解

样本观测值之间的差异的大小可以通过**总偏差平方和**表示，记为

$$\mathrm{SST}=\sum_{i=1}^{r}\sum_{j=1}^{n_i}(x_{ij}-\bar{x})^2, \tag{5.1.6}$$

其中，$\bar{x}=\frac{1}{n}\sum_{i=1}^{r}\sum_{j=1}^{n_i}x_{ij}=\frac{1}{n}\sum_{i=1}^{r}n_i\bar{x}_i.$

由随机误差引起的数据间的差异用**组内偏差平方和**表示，记为

$$\mathrm{SSE}=\sum_{i=1}^{r}\sum_{j=1}^{n_i}(x_{ij}-\bar{x}_{i\cdot})^2, \tag{5.1.7}$$

其中 $\bar{x}_{i\cdot}=\frac{1}{n_i}\sum_{j=1}^{n_i}x_{ij}.$

由于组间差异除了随机误差外，还反映了效应间的差异，因此由效应不同引起的数据差异可用**组间偏差平方和**表示，记为

$$\mathrm{SSA}=\sum_{i=1}^{r}n_i(\bar{x}_{i\cdot}-\bar{x})^2. \tag{5.1.8}$$

定理 5.1.1(平方和分解定理) 在一个因素方差分析模型中，平方和有如下恒等式：

$$\mathrm{SST}=\mathrm{SSA}+\mathrm{SSE}. \tag{5.1.9}$$

偏差平方和的大小与自由度有关，一般来说，数据越多，其偏差平方和越大. 因此，要对组间偏差平方和 SSA 与组内偏差平方和 SSE 之间进行比较，必须考虑自由度的影响. 故采用

$$F=\frac{\mathrm{SSA}/(r-1)}{\mathrm{SSE}/(n-r)} \tag{5.1.10}$$

作为检验 H_0 的统计量，为给出拒绝域，引入如下定理：

定理 5.1.2 在单因素方差分析模型(5.1.5)中，

（1）$\frac{\mathrm{SSE}}{\sigma^2}\sim\chi^2(n-r)$；

（2）当 H_0 成立时，$\frac{\mathrm{SSA}}{\sigma^2}\sim\chi^2(r-1)$，且 SSE 与 SSA 相互独立.

由定理 5.1.2 知，若 H_0 成立，统计量 F 服从自由度为 $r-1$ 和 $n-r$ 的 F 分布. 对于给定的置信度 α，可以查表确定临界值 F_α，有

$$P\left\{\frac{\mathrm{SSA}/(r-1)}{\mathrm{SSE}/(n-r)}<F_\alpha\right\}=1-\alpha,\text{即 } P\{F\geqslant F_\alpha\}=\alpha.$$

计算 F 的实际观测值，若 $F<F_\alpha$，则接受原假设 H_0，认为因素的变化对结果无显著影响；若 $F\geqslant F_\alpha$，则拒绝原假设 H_0，即认为因素水平的不同对结果影响显著. 该检验是显著性检验，接受 H_0 并不等于水平对结果无影响或影响甚微，只能认为影响不显著.

通常将上述计算过程列成一张表格，称为方差分析表，见表 5.1.2.

表 5.1.2 单因素方差分析表

方差来源	平方和	自由度	均方差	F 值
因子 A（组间）	$\mathrm{SSA}=\sum_{i=1}^{r}n_i(\bar{x}_i-\bar{x})^2$	$r-1$	$\mathrm{SSA}/(r-1)$	$F=\frac{\mathrm{SSA}/(r-1)}{\mathrm{SSE}/(n-r)}$
误差（组内）	$\mathrm{SSE}=\sum_{i=1}^{r}\sum_{j=1}^{n_i}(x_{ij}-\bar{x}_i)^2$	$n-r$	$\mathrm{SSE}/(n-r)$	
总和	SST=SSA+SSE	$n-1$		

实际计算时，可通过下列公式计算：

$$T_{i\cdot}=\sum_{j=1}^{n_i}x_{ij},T=\sum_{i=1}^{r}\sum_{j=1}^{n_i}x_{ij},$$

$$\mathrm{SST}=\sum_{i=1}^{r}\sum_{j=1}^{n_i}x_{ij}^2-\frac{T^2}{n},\quad \mathrm{SSA}=\sum_{i=1}^{r}\frac{T_{i\cdot}^2}{n_i}-\frac{T^2}{n},\quad \mathrm{SST}=\mathrm{SSA}+\mathrm{SSE}.$$

注：根据需要，可以对数据 X_{ij} 做线性变换，令 $Y_{ij}=b(X_{ij}-a)$，其

中，a，b 为适当的常数且 $b\neq0$，使得 Y_{ij}变得简单. 易证利用 Y_{ij}进行方差分析与利用 X_{ij}进行方差分析所得结果相同.

例 5.1.2 设在例 5.1.1 中符合方差分析模型的条件，检验假设(显著性水平 $\alpha=0.05$)

$$H_0: \mu_1=\mu_2=\mu_3,$$
$$H_1: \mu_1, \mu_2, \mu_3\text{不全相等}.$$

解 $r=4, n_1=n_2=n_3=5, n=15$,

$$T=\sum_{i=1}^{r}\sum_{j=1}^{n_i}X_{ij}=3.8,\quad \sum_{i=1}^{r}\sum_{j=1}^{n_i}X_{ij}^2=0.963912,$$

$$\mathrm{SST}=\sum_{i=1}^{r}\sum_{j=1}^{n_i}X_{ij}^2-\frac{T^2}{n}=0.963912-\frac{3.8^2}{15}=0.001245,$$

$$\mathrm{SSA}=\sum_{i=1}^{r}\frac{T_i^2}{n_i}-\frac{T^2}{n}=\frac{1.21^2}{5}+\frac{1.28^2}{5}+\frac{1.31^2}{5}-\frac{3.8^2}{15}=0.001053,$$

$\mathrm{SSE}=\mathrm{SST}-\mathrm{SSA}=0.001245-0.001053=0.000192$,

SST，SSA，SSE 的自由度依次为 $n-1=14$，$s-1=2$，$n-s=12$，

$$F=\frac{\mathrm{SSA}/(r-1)}{\mathrm{SSE}/(n-r)}=\frac{0.001053/(3-1)}{0.000192/(15-3)}=32.91.$$

得方差分析表，见表 5.1.3.

表 5.1.3 例 5.1.2 的方差分析表

方差来源	平方和	自由度	均方差	F 的值
因子 A(组间)	0.001053	2	0.000526	32.91
误差(组内)	0.000192	12	0.000016	
总和	0.001245	14		

由于 $F_{0.05}(2,12)=3.89<32.91$，故在显著性水平 0.05 下拒绝 H_0，认为各台机器生产的薄板厚度有显著的差异.

例 5.1.2 的 MATLAB 实现

在 MATLAB 命令窗口中输入:

```
X  =  [0.236  0.257  0.258
       0.238  0.253  0.264
       0.248  0.255  0.259
       0.245  0.254  0.267
       0.243  0.261  0.262];
>>[p,  table_1,  stats]  =anova1( X )
```

运行结果:

```
p=
       1.3431e-05
table_1=
```

```
        {'来源'}  {'SS'}  {'df'}  {'MS'}  {'F'}  {'p 值(F)'}
        {'列'}  {[ 0.0011]}  {[ 2]}  {[5.2667e-04]}  {[ 32.9167]}
{[1.3431e-05]}
        {'误差'}  {[1.9200e-04] {[12]}  {[1.6000e-05]}  {0×0
double}  {0×0 double }
        {'合计'}  {[0.0012]}  {[14]}  {0×0 double }  {0×0
double}  {0×0double }
        stats=
           gnames:[3×1 char]
               n:[5 5 5]
           source:'anova1'
            means:[0.2420 0.2560 0.2620]
               df:12
            s:0.0040
```

由运行结果知 $p<\alpha$ 可以判断应该拒绝原假设，即认为各台机器生产的薄板厚度有显著的差异.

例 5.1.3 某种型号化油器的原喉管结构油耗较大，为节约能源，设想了两种改进方案以降低油耗指标——比油耗. 现对用各种结构的喉管制造的化油器分别测得数据见表 5.1.4.

表 5.1.4 三种结构的喉管制造的化油器比油耗数据

方案	比油耗							
A_1：原结构	231.0	232.8	227.6	228.3	224.7	225.5	229.3	230.3
A_2：改进方案Ⅰ	222.8	224.5	218.5	220.2				
A_3：改进方案Ⅱ	224.3	226.1	221.4	223.6				

试问：在显著性水平 $\alpha=0.01$ 下进行方差分析，喉管的结构对比油耗的影响是否有显著差异?

解 由于样本数据较大，考虑对数据进行简单变换，令 $Y_{ij}=b(X_{ij}-a)$，其中 a,b 为适当的常数且 $b\neq0$，使得样本观测值变得简单. 选取 $a=220,b=1$，则有 $Y_{ij}=X_{ij}-220$，故原始样本数据变换为

表 5.1.5 变换后的数据

方案	Y_{ij}							
A_1：原结构	11.0	12.8	7.6	8.3	4.7	5.5	9.3	10.3
A_2：改进方案Ⅰ	2.8	4.5	-1.5	0.2				
A_3：改进方案Ⅱ	4.3	6.1	1.4	3.6				

本例中，$r=3,n_1=8,n_2=4,n_3=4,n=16$,

$$T=\sum_{i=1}^{r}\sum_{j=1}^{n_i}Y_{ij}=90.90039,\quad \sum_{i=1}^{r}\sum_{j=1}^{n_i}Y_{ij}^2=757.41,$$

$$\mathrm{SST}=\sum_{i=1}^{r}\sum_{j=1}^{n_i}Y_{ij}^2-\frac{T^2}{n}=757.41-\frac{90.90039^2}{16}=240.98,$$

$$\mathrm{SSA}=\sum_{i=1}^{r}\frac{T_i^2}{n_i}-\frac{T^2}{n}=672.07-\frac{90.90039^2}{16}=155.64,$$

$$\mathrm{SSE}=\mathrm{SST}-\mathrm{SSA}=240.98-155.64=85.34,$$

SST，SSA，SSE 的自由度依次为 $n-1=14$，$s-1=2$，$n-s=12$，

$$F=\frac{\mathrm{SSA}/(r-1)}{\mathrm{SSE}/(n-r)}=\frac{155.64/(3-1)}{85.34/(16-3)}=11.86,$$

得方差分析表，见表 5.1.6.

表 5.1.6 例 5.1.3 的方差分析表

方差来源	平方和	自由度	均方差	F 的值
因子 A(组间)	155.64	2	77.82	11.86
误差(组内)	85.34	13	6.56	
总和	240.98	15		

由于 $F_{0.01}(2,13)=6.70<11.86$，故在显著性水平 0.01 下拒绝 H_0，认为不同的喉管结构的比油耗有显著的差异.

例 5.1.3 的 MATLAB 实现

```
clc
clear all
X  =  [11.0  2.8  4.3
      12.8  4.5  6.1
      7.6  -1.5  1.4
      8.3  0.2  3.6
      4.7  nan  nan
      5.5  nan  nan
      9.3  nan  nan
      10.3 nan  nan];
 [p, table_1,  stats ]=anova1( X )
```

运行结果:

```
p=
    0.0012
table_1=
    {'来源'}  {'SS'}  {'df'}  {'MS'}  {'F'}  {'p 值(F)'}
    {'组'}  {[155.6456]}  {[2]}  {[77.8228]}  {[11.8551]}
{[0.0012]}
    {'误差'}  {[85.3387]}  {[13]}  {[  6.5645]}  {0×0 double}
{0×0 double}
```

```
    {'合计'} {[240.9844]} {[15]} {0×0 double} {0×0 double}
{0×0 double}
stats=
    gnames:{3×1 cell}
         n:[8 4 4]
    source:'anova1'
     means:[8.6875 1.5000 3.8500]
        df:13
         s:2.5621
```

由运行结果知 $p=0.0012<\alpha$，可以判断应该拒绝原假设，即认为不同的喉管结构的比油耗有显著的差异.

5.2 双因素方差分析

前面讲的单因素方差分析只是考虑一个因素对实验结果的影响. 在实际问题中，影响因素往往有多个. 而要考虑多个因素的影响是否显著，需要用到多因素试验的方差分析方法. 本节只讨论两个因素的方差分析，例如：分析碳(C)、钛(Ti)的含量对合金钢的强度的影响.

例 5.2.1　为提高某种合金钢的强度，需要同时考察碳(C)及钛(Ti)的含量对强度的影响，以便选取合理的成分组合使强度达到最大. 在试验中分别取因素 A[碳含量(%)]3 个水平，因素 B[钛含量(%)]4 个水平，在组合水平((A_i,B_j) $(i=1,2,3;j=1,2,3,4)$)条件下各炼一炉钢，测得其强度数据见表 5.2.1.

表 5.2.1　组合水平下合金钢的强度

因素 A	因素 B			
	$B_1(3.3)$	$B_2(3.4)$	$B_3(3.5)$	$B_4(3.6)$
$A_1(0.03)$	63.1	63.9	65.6	66.8
$A_2(0.04)$	65.1	66.4	67.8	69.0
$A_3(0.05)$	67.2	71.0	71.9	73.5

试问：碳与钛的含量对合金钢的强度是否有显著影响($\alpha=0.01$)?

若假设因素 A 与因素 B 之间是相互独立的，则上述问题可采用无交互作用的双因素方差分析方法进行分析，对无交互作用情形采用非重复试验；若还存在着两者联合的影响，这种情形称为有交互作用的双因素方差分析，对有交互作用情形采用重复试验.

5.2.1 无交互作用的双因素方差分析

设双因素方差分析中，有两个因素 A,B 作用于试验的指标. 因素 A 有 r 个水平 $A_1,A_2,\cdots,A_r$，因素 B 有 s 个水平 $B_1,B_2,\cdots,B_s$. 在因素 A,B 的每对组合 (A_i,B_j) $(i=1,2,\cdots,r;j=1,2,\cdots,s)$ 下进行一次试验(非重复试验)，试验结果为 $X_{ij}(i=1,2,\cdots,r;j=1,2,\cdots,s)$，所有 X_{ij} 相互独立. 结果见表 5.2.2.

表 5.2.2 双因素独立试验结果

因素 A	因素 B			
	B_1	B_2	$\cdots$	B_s
A_1	X_{11}	X_{12}	$\cdots$	X_{1s}
A_2	X_{21}	X_{22}	$\cdots$	X_{2s}
$\vdots$	$\vdots$	$\vdots$		$\vdots$
A_r	X_{r1}	X_{r2}	$\cdots$	X_{rs}

这样对每个组合 (A_i,B_j) $(i=1,2,\cdots,r;j=1,2,\cdots,s)$ 各作一次试验的情形称为**双因素非重复试验**.

假设总体 $X_{ij}\sim N(\mu_{ij},\sigma^2)$，$i=1,2,\cdots,r;j=1,2,\cdots,s$，且各个 X_{ij} 相互独立，其中

$$\mu_{ij}=\mu+\alpha_i+\beta_j(i=1,2,\cdots,r;j=1,2,\cdots,s),$$

$$\sum_{i=1}^{r}\alpha_i=0,\quad \sum_{j=1}^{s}\beta_j=0,$$

于是 X_{ij} 可表示为

$$X_{ij}=\mu+\alpha_i+\beta_j+\varepsilon_{ij},$$

其中，$\varepsilon_{ij}\sim N(0,\sigma^2)$，$i=1,2,\cdots,r;j=1,2,\cdots,s$，且各 ε_{ij} 相互独立，称为模型的随机误差项. α_i 称为**因素 A 在水平 A_i 引起的效应**，它表示水平 A_i 在总体平均数上引起的偏差，β_j 称为**因素 B 在水平 B_j 引起的效应**，它表示水平 B_j 在总体平均数上引起的偏差.

类似于单因素方差分析，由样本独立同分布的假设，得到如下**无交互作用的双因素方差分析模型**:

$$\begin{cases} X_{ij}=\mu+\alpha_i+\beta_j+\varepsilon_{ij}, \\ \sum_{i=1}^{r}\alpha_i=0,\quad \sum_{j=1}^{s}\beta_j=0, \\ \varepsilon_{ij}\sim N(0,\sigma^2), \end{cases} \tag{5.2.1}$$

其中，$i=1,2,\cdots,r;j=1,2,\cdots,s$，且各 ε_{ij} 相互独立.

为检验因素 A 的影响是否显著，需考虑行因素 A 各水平对响应值的影响有无显著差异，即检验假设

$$H_{0A}:\ \alpha_1=\alpha_2=\cdots=\alpha_r=0,$$

H_{1A}：各 α_i 至少有一个不为零，

其中，α_i **为因素 A 的第 i 个水平的主效应**.

同理，要判断因素 B 各水平对响应值的影响有无显著差异，等价于检验假设

$$H_{0B}: \beta_1=\beta_2=\cdots=\beta_s=0,$$

$$H_{1B}: 各\ \beta_i\ 至少有一个不为零,$$

其中，β_j **为因素 B 的第 j 个水平的主效应**.

当 H_{0A}成立时，因素 A 对试验结果无显著影响. 当 H_{0B}成立时，因素 B 对试验结果无显著影响. 当 H_{0A}和 H_{0B}都成立时，X_{ij}的波动主要是由随机因素引起的. 导出检验假设 H_{0A}和 H_{0B}统计量的方法与单因素方差分析类似，采用离差平方和分解的方法.

为了描述方便引入以下记号：

$$n=rs,\ \mu=\frac{1}{n}\sum_{i=1}^{r}\sum_{j=1}^{s}\mu_{ij},\ \mu_{i\cdot}=\frac{1}{r}\sum_{j=1}^{s}\mu_{ij},\ \mu_{\cdot j}=\frac{1}{s}\sum_{i=1}^{r}\mu_{ij},$$

$$\alpha_i=\mu_{i\cdot}-\mu,\ \beta_j=\mu_{\cdot j}-\mu(i=1,2,\cdots,r;j=1,2,\cdots,s),$$

其中，n 为总观测次数，μ 称为总平均.

$$X_{\cdot j}=\sum_{i=1}^{r}X_{ij},\ \overline{X}_{\cdot j}=\frac{1}{r}X_{\cdot j},$$

$$X_{i\cdot}=\sum_{j=1}^{s}X_{ij},\ \overline{X}_{i\cdot}=\frac{1}{s}X_{i\cdot},$$

$$X_{\cdot\cdot}=\sum_{i=1}^{r}\sum_{j=1}^{s}X_{ij},\ \overline{X}_{\cdot\cdot}=\frac{1}{n}\sum_{i=1}^{r}\sum_{j=1}^{s}X_{ij}=\frac{1}{n}X_{\cdot\cdot},$$

于是**总离差平方和** $\mathrm{SST}=\sum_{i=1}^{r}\sum_{j=1}^{s}(X_{ij}-\overline{X}_{\cdot\cdot})^2$ **有平方和分解式**

$$\mathrm{SST}=\mathrm{SSA}+\mathrm{SSB}+\mathrm{SSE}, \tag{5.2.2}$$

其中，$\mathrm{SSA}=s\sum_{i=1}^{r}(\overline{X}_{i\cdot}-\overline{X}_{\cdot\cdot})^2$ 称为**A 因素离差平方和**，反映了因素 A 的不同水平产生的差异. $\mathrm{SSB}=r\sum_{j=1}^{s}(\overline{X}_{\cdot j}-\overline{X}_{\cdot\cdot})^2$ 称为**B 因素离差平方和**，$\mathrm{SSE}=\sum_{i=1}^{r}\sum_{j=1}^{s}(X_{ij}-\overline{X}_{i\cdot}-\overline{X}_{\cdot j}+\overline{X}_{\cdot\cdot})^2$ 称为**随机误差平方和**，表示由随机观测误差引起的观测值的差异部分.

类似于单因素方差分析，采用

$$F_A=\frac{\mathrm{SSA}/(r-1)}{\mathrm{SSE}/[(r-1)(s-1)]}, \tag{5.2.3}$$

$$F_B=\frac{\mathrm{SSB}/(s-1)}{\mathrm{SSE}/[(r-1)(s-1)]} \tag{5.2.4}$$

作为检验 H_{0A}和 H_{0B}的统计量，为给出拒绝域，引入如下定理：

定理 在无交互双因素方差分析模型(5.2.1)中,

(1) $\frac{\text{SSE}}{\sigma^2}\sim\chi^2((r-1)(s-1))$;

(2) 当 H_{0A} 成立时,$\frac{\text{SSA}}{\sigma^2}\sim\chi^2(r-1)$,且 SSE 与 SSA 相互独立;

(3) 当 H_{0B} 成立时,$\frac{\text{SSB}}{\sigma^2}\sim\chi^2(s-1)$,且 SSE 与 SSB 相互独立.

由该定理知,若 H_0 成立,统计量 F_A 和 F_B 服从如下的 F 分布:

$$F_A=\frac{\text{SSA}/(r-1)}{\text{SSE}/[(r-1)(s-1)]}\sim F_A(r-1,(r-1)(s-1)),$$

$$F_B=\frac{\text{SSB}/(s-1)}{\text{SSE}/[(r-1)(s-1)]}\sim F_B(s-1,(r-1)(s-1)).$$

对于给定的置信度 α,可以查表确定临界值 F_α,由观测值得出 H_{0A} 的拒绝域为 $F_A>F_\alpha(r-1,(r-1)(s-1))$;$H_{0B}$ 的拒绝域为 $F_B>F_\alpha(s-1,(r-1)(s-1))$. 上述假设检验过程可通过表 5.2.3 求得.

表 5.2.3 非重复试验、无交互作用的方差分析表

方差来源	平方和	自由度	均方差	F 值
因子 A(组间)	SSA	$r-1$	$\frac{\text{SSA}}{r-1}$	$F=\frac{\text{SSA}/(r-1)}{\text{SSE}/[(r-1)(s-1)]}$
因子 B(组间)	SSB	$s-1$	$\frac{\text{SSB}}{s-1}$	$F=\frac{\text{SSB}/(s-1)}{\text{SSE}/[(r-1)(s-1)]}$
误差(组内)	SSE	$(r-1)(s-1)$	$\frac{\text{SSE}}{(r-1)(s-1)}$	
总和	SST	$rs-1$		

例 5.2.2 对例 5.2.1 做双因素方差分析(显著性水平 $\alpha=0.01$),即结合表 5.2.1 中的数据分析碳和钛的含量对合金钢的强度是否有显著影响.

解 (1) 提出检验假设

对因素 A(碳含量)提出假设:

H_{0A}: $\alpha_1=\alpha_2=\alpha_3=0$,因素 A(碳含量)对合金钢的强度无显著性影响,

H_{1A}: $\alpha_i(i=1,2,3)$不全为零,因素 A(碳含量)对合金钢的强度有显著性影响.

对因素 B(钛含量)提出假设:

H_{0B}: $\beta_1=\beta_2=\beta_3=\beta_4=0$,因素 B(钛含量)对合金钢的强度无

显著性影响.

H_{1B}：$\beta_i(i=1,2,3,4)$不全为零，因素B(钛含量)对合金钢的强度有显著性影响.

(2) 计算检验统计量的值

由于$r=3$，$s=4$，$rs=12$，令X_{ij}为因素A与因素B的组合水平(A_i,B_j)下的试验结果.

$$\mathrm{SST}=\sum_{i=1}^{r}\sum_{j=1}^{s}(X_{ij}-\overline{X})^2=113.29,$$

$$\mathrm{SSA}=s\sum_{i=1}^{r}(\overline{X}_{i\cdot}-\overline{X})^2=74.91,$$

$$\mathrm{SSB}=r\sum_{j=1}^{s}(\overline{X}_{\cdot j}-\overline{X})^2=35.17,$$

$$\mathrm{SSE}=\mathrm{SST}-\mathrm{SSA}-\mathrm{SSB}=113.29-74.91-35.17=3.21,$$

$$F_A=\frac{\mathrm{SSA}/(r-1)}{\mathrm{SSE}/[(r-1)(s-1)]}=70.05,$$

$$F_B=\frac{\mathrm{SSB}/(s-1)}{\mathrm{SSE}/((r-1)(s-1))}=21.92.$$

(3) 列出方差分析表，见表5.2.4.

表5.2.4 例5.2.2的方差分析表

方差来源	离差平方和	自由度	误差	F比
因素A	74.91	2	37.46	70.05
因素B	35.17	3	11.72	21.92
误差	3.21	6	0.535	
总计	113.29	11		

(4) 统计决策

查F分布表得$F_{0.01}(2,6)=10.92$，$F_{0.01}(3,6)=9.78$.

由于$F_A=70.05>F_{0.01}(2,6)=10.92$，所以拒绝关于因素$A$的原假设，即认为碳的含量对合金钢的强度有显著影响. 由于$F_B=21.92>F_{0.01}(3,6)=9.78$，所以拒绝关于因素$B$的原假设，即认为钛的含量对合金钢的强度有显著影响.

例5.2.2的MATLAB实现

```
clc
clear all
X  =  [ 63.1  63.9  65.6  66.8
        65.1  66.4  67.8  69.0
        67.2  71.0  71.9  73.5]';
[ p,table_2,stats ]=anova2( X )
```

```
运行结果:
p=
      0.01          0.0012
table_2=
   {'来源'}  {'SS'}  {'df'}  {'MS'}  {'F'}  {'p 值(F)'}
   {'列'}  {[ 74.9117]}  {[ 2]}  {[ 37.4558]}  {[ 70.0473]}
{[6.9271e-05]}
   {'行'}  {[ 35.1692]}  {[ 3]}  {[ 11.7231]}  {[ 21.9236]}
{[ 0.0012 ]}
   {'误差'}  {[ 3.2083]}  {[ 6]}  {[ 0.5347]}  {0×0 double}
{0×0 double }
   {'合计'}  {[113.2892]}  {[11]}  {0×0 double}  {0×0 double}
{0×0 double }
stats=
   source:'anova2'
   sigmasq:0.5347
   colmeans:[64.8500 67.0750 70.9000]
   coln:4
   rowmeans:[65.1333 67.1000 68.4333 69.7667]
   rown:3
   inter:0
   pval:NaN
   df:6
```

由运行结果判断拒绝关于因素 A 的原假设，即认为碳的含量对合金钢的强度有显著影响；拒绝关于因素 B 的原假设，即认为钛的含量对合金钢的强度有显著影响.

5.2.2 有交互作用的双因素方差分析

在上述讨论中，介绍了无重复试验、不考虑交互作用的双因素方差分析. 在这种方差分析中，因素 A 和 B 只是简单的叠加关系. 但是，在许多实际问题中，两个因素 A 和 B 之间并不只是简单的叠加关系，而是存在一定程度的**交互作用**，即因素之间的联合搭配作用对试验结果产生了影响. 记作 $A \times B$. 为研究因素之间的交互作用，需要对每一种水平组合多做几次重复试验. 下面介绍双因素重复试验的方差分析.

设因素 A 有 r 个水平 $A_1, A_2, \cdots, A_r$，因素 B 有 s 个水平 $B_1, B_2, \cdots, B_s$，在每一种组合水平 (A_i, B_j) 下都做 $t(t \geqslant 2)$ 次试验，称为**等重复试验**，总共要做 $n = rst$ 次试验，测得试验数据为 $X_{ijk}(i = 1,2,\cdots,r; j=1,2,\cdots,s; k=1,2,\cdots,t)$，结果见表 5.2.5.

表 5.2.5 交互作用下双因素试验

因素 A	因素 B			
	B_1	B_2	…	B_s
A_1	$X_{111},X_{112},\cdots,X_{11t}$	$X_{121},X_{122},\cdots,X_{12t}$	…	$X_{1s1},X_{1s2},\cdots,X_{1st}$
A_2	$X_{211},X_{212},\cdots,X_{21t}$	$X_{221},X_{222},\cdots,X_{22t}$	…	$X_{2s1},X_{2s2},\cdots,X_{2st}$
⋮	⋮	⋮		⋮
A_r	$X_{r11},X_{r12},\cdots,X_{r1t}$	$X_{r21},X_{r22},\cdots,X_{r2t}$	…	$X_{rs1},X_{rs2},\cdots,X_{rst}$

假设总体 $X_{ijk}\sim N(\mu_{ij},\sigma^2)$，$i=1,2,\cdots,r;j=1,2,\cdots,s;k=1,2,\cdots,t$，且各个 X_{ijk} 相互独立，其中

$$\mu_{ij}=\mu+\alpha_i+\beta_j+\delta_{ij}(i=1,2,\cdots,r;j=1,2,\cdots,s),$$

其中，$\sum_{i=1}^{r}\alpha_i=0$，$\sum_{j=1}^{s}\beta_j=0$，$\sum_{i=1}^{r}\delta_{ij}=0$，$\sum_{j=1}^{s}\delta_{ij}=0$，$\mu=\frac{1}{rs}\sum_{i=1}^{r}\sum_{j=1}^{s}\mu_{ij}$，

$\alpha_i=\frac{1}{s}\sum_{j=1}^{s}(\mu_{ij}-\mu)$，$\beta_j=\frac{1}{r}\sum_{i=1}^{r}(\mu_{ij}-\mu)$，$\delta_{ij}=(\mu_{ij}-\mu-\alpha_i-\beta_j)$.

从而得**有交互作用的双因素方差分析模型**

$$\begin{cases}X_{ij}=\mu+\alpha_i+\beta_j+\delta_{ij}+\varepsilon_{ijk},\\ \varepsilon_{ijk}\sim N(0,\sigma^2),\end{cases}\tag{5.2.5}$$

其中，$i=1,2,\cdots,r;j=1,2,\cdots,s;k=1,2,\cdots,t$，且各 ε_{ijk} 相互独立. α_i 称为**因素 A 在水平 A_i 引起的效应**，β_j 称为**因素 B 在水平 B_j 引起的效应**，δ_{ij} 称为因素 A,B 在组合水平 (A_i,B_j) 的**交互作用效应**.

检验因素 A,B 及交互作用 $A\times B$ 对试验结果是否有显著影响，即检验假设：

H_{0A}：$\alpha_1=\alpha_2=\cdots=\alpha_r=0\leftrightarrow H_{1A}$：各 α_i 至少有一个不为零；

H_{0B}：$\beta_1=\beta_2=\cdots=\beta_s=0\leftrightarrow H_{1B}$：各 β_i 至少有一个不为零；

H_{0AB}：$\delta_{ij}=0,i=1,2,\cdots,r;j=1,2,\cdots,s\leftrightarrow H_{1AB}$：$\delta_{11},\cdots,\delta_{rs}$ 中至少有一个不为零.

导出检验假设 H_{0A} 和 H_{0B} 统计量的方法仍采用离差平方和分解的方法.

计算偏差平方和与自由度，类似地，有

$$X_{i\cdot\cdot}=\sum_{j=1}^{s}\sum_{k=1}^{t}X_{ijk},\ \overline{X}_{i\cdot\cdot}=\frac{1}{st}X_{i\cdot\cdot},$$

$$X_{\cdot j\cdot}=\sum_{i=1}^{r}\sum_{k=1}^{t}X_{ijk},\ \overline{X}_{\cdot j\cdot}=\frac{1}{rt}X_{\cdot j\cdot},$$

$$X_{\cdots}=\sum_{i=1}^{r}\sum_{j=1}^{s}\sum_{k=1}^{t}X_{ijk},\ \overline{X}_{\cdots}=\frac{1}{rst}\sum_{i=1}^{r}\sum_{j=1}^{s}\sum_{k=1}^{t}X_{ijk}=\frac{1}{n}X_{\cdots},$$

$$\mathrm{SST}=\sum_{i=1}^{r}\sum_{j=1}^{s}\sum_{k=1}^{t}(X_{ijk}-\overline{X}_{\cdots})^2,$$

$$\mathrm{SSA}=st\sum_{i=1}^{r}(\overline{X}_{i..}-\overline{X}_{...})^2,$$

$$\mathrm{SSB}=rt\sum_{j=1}^{s}(\overline{X}_{.j.}-\overline{X}_{...})^2,$$

$$X_{ij.}=\sum_{k=1}^{t}X_{ijk},\quad \overline{X}_{ij.}=\frac{1}{t}X_{ij.},$$

$$\mathrm{SSAB}=t\sum_{i=1}^{r}\sum_{j=1}^{s}(\overline{X}_{ij.}-\overline{X}_{i..}-\overline{X}_{.j.}+\overline{X}_{...})^2,$$

$$\mathrm{SSE}=\mathrm{SST}-\mathrm{SSA}-\mathrm{SSB}-\mathrm{SSAB},$$

其中，SST,SSA,SSB,SSAB,SSE 的自由度依次为 $rst-1,r-1,s-1,(r-1)(s-1),rs(t-1)$ 称 SSA 为因素 A 引起的离差平方和；称 SSB 为因素 B 引起的离差平方和；称 SSAB 为因素 A 与因素 B 的交互作用引起的离差平方和.

进一步给出显著性检验的判断方法.

当 H_{0A} 为真时，

$$F_A=\frac{\mathrm{SSA}/(r-1)}{\mathrm{SSE}/rs(t-1)}\sim F(r-1,rs(t-1));$$

当 H_{0B} 为真时，

$$F_B=\frac{\mathrm{SSB}/(s-1)}{\mathrm{SSE}/rs(t-1)}\sim F(s-1,rs(t-1));$$

当 H_{0AB} 为真时，

$$F_{AB}=\frac{\mathrm{SSAB}/(r-1)(s-1)}{\mathrm{SSE}/rs(t-1)}\sim F((r-1)(s-1),rs(t-1)).$$

因此，对于给定的显著性水平 α，查相关表得到在相应自由度下对应的 F_α，若 $F_A\geqslant F_\alpha$，则拒绝 H_{0A}，即认为因素 A 对试验结果有显著影响，反之，则接受 H_{0A}；同理，若 $F_B\geqslant F_\alpha$，则拒绝 H_{0B}，即认为因素 B 对试验结果有显著影响，反之，则接受 H_{0B}；若 $F_{AB}\geqslant F_\alpha$，则拒绝 H_{0AB}，即认为因素 A 与因素 B 对试验结果有显著影响，反之，则接受 H_{0AB}.

于是，可得表 5.2.6 所示的方差分析表.

表 5.2.6　有交互作用的双因素方差分析表

方差来源	平方和	自由度	均方	F 值
因素 A	SSA	$r-1$	$\frac{\mathrm{SSA}}{r-1}$	$F_A=\frac{\mathrm{SSA}/(r-1)}{\mathrm{SSE}/rs(t-1)}$
因素 B	SSB	$s-1$	$\frac{\mathrm{SSB}}{s-1}$	$F_B=\frac{\mathrm{SSB}/(s-1)}{\mathrm{SSE}/rs(t-1)}$
因素 $A\times B$	SSAB	$(r-1)(s-1)$	$\frac{\mathrm{SSAB}}{(r-1)(s-1)}$	$F_{AB}=\frac{\mathrm{SSAB}/(r-1)(s-1)}{\mathrm{SSE}/rs(t-1)}$

(续)

方差来源	平方和	自由度	均方	F 值
误差	SSE	$rs(t-1)$	$\frac{SSE}{rs(t-1)}$	
总和	SST	$rst-1$		

例 5.2.3 在某种金属材料的生产过程中，对热处理温度(因素 A)与时间(因素 B)各取两个水平，产品强度的测定结果(相对值)见表 5.2.7. 在同一条件下每个实验重复两次. 设各水平搭配下强度的总体服从正态分布且方差相同，各样本独立. 问热处理温度、时间对产品强度是否有显著影响(取 $\alpha=0.05$)?

表 5.2.7 产品强度的测定结果

因素 A	因素 B	
	B_1	B_2
A_1	38.0,38.6	47.0,44.8
A_2	45.0,43.8	42.4,40.8

解 提出假设:

H_{0A}: 因素 A(热处理温度)对产品强度无显著影响;

H_{0B}: 因素 B(时间)对产品强度无显著影响;

H_{0AB}: 交互作用 $A\times B$ 对产品强度无显著影响.

计算偏差平方和及自由度

$$X_{1..}=\sum_{j=1}^{2}\sum_{k=1}^{2}X_{ijk}=168.4,\ X_{2..}=\sum_{j=1}^{2}\sum_{k=1}^{2}X_{ijk}=172,$$

$$\overline{X}_{1..}=\frac{1}{st}X_{1..}=\frac{1}{4}\times168.4=42.1,\ \overline{X}_{2..}=\frac{1}{st}X_{2..}=\frac{1}{4}\times172=43,$$

$$X_{.1.}=\sum_{i=1}^{2}\sum_{k=1}^{2}X_{ijk}=165.4,\ X_{.2.}=\sum_{i=1}^{2}\sum_{k=1}^{2}X_{ijk}=172,$$

$$\overline{X}_{.1.}=\frac{1}{rt}X_{.1.}=\frac{1}{4}\times165.4=41.35,\ \overline{X}_{.2.}=\frac{1}{rt}X_{.2.}=\frac{1}{4}\times175=43.75,$$

$$X_{...}=\sum_{i=1}^{2}\sum_{j=1}^{2}\sum_{k=1}^{2}X_{ijk}=340.4,\ \overline{X}_{...}=\frac{1}{rst}X_{...}=\frac{1}{8}\times340.4=42.55,$$

$$SST=\sum_{i=1}^{2}\sum_{j=1}^{2}\sum_{k=1}^{2}(X_{ijk}-\overline{X}_{...})^2=71.82,$$

$$SSA=4\sum_{i=1}^{2}(\overline{X}_{i..}-\overline{X}_{...})^2=1.62,$$

$$SSB=4\sum_{j=1}^{2}(\overline{X}_{.j.}-\overline{X}_{...})^2=11.52,$$

$$X_{11\cdot}=\sum_{k=1}^{2}X_{11k}=76.6,\ \overline{X}_{11\cdot}=\frac{1}{2}X_{11\cdot}=38.3,$$

$$X_{12\cdot}=\sum_{k=1}^{2}X_{12k}=91.8,\ \overline{X}_{12\cdot}=\frac{1}{2}X_{12\cdot}=45.9,$$

$$X_{21\cdot}=\sum_{k=1}^{2}X_{21k}=88.8,\ \overline{X}_{21\cdot}=\frac{1}{2}X_{21\cdot}=44.4,$$

$$X_{22\cdot}=\sum_{k=1}^{2}X_{22k}=83.2,\ \overline{X}_{22\cdot}=\frac{1}{2}X_{22\cdot}=41.6,$$

$$\mathrm{SSAB}=2\sum_{i=1}^{2}\sum_{j=1}^{2}(\overline{X}_{ij\cdot}-\overline{X}_{i\cdot\cdot}-\overline{X}_{\cdot j\cdot}+\overline{X}_{\cdots})^2=54.08,$$

$$\mathrm{SSE}=\mathrm{SST}-\mathrm{SSA}-\mathrm{SSB}-\mathrm{SSAB}=71.82-1.62-11.52-54.08=4.6,$$

得方差分析表见表 5.2.8.

表 5.2.8 例 5.2.3 的方差分析表

方差来源	平方和	自由度	均方	F 值
因素 A	1.62	1	1.62	$F_A=1.4$
因素 B	11.52	1	11.52	$F_B=10.0$
因素 $A\times B$	54.08	1	54.08	$F_{AB}=47.03$
误差	4.6	4	1.15	
总和	71.82	7		

由于 $F_{0.05}(1,4)=7.71>F_A=1.4$，所以认为热处理温度(因素 A)对强度无显著影响，而时间(因素 B)对强度有显著影响，交互作用 $A\times B$ 对产品强度有显著影响.

```
例 5.2.3 的 MATLAB 实现
clc
clear all
X  =  [ 38.0  45.0
        38.6  43.8
        47.0  42.4
        44.8  40.8 ];
[ p,  table_2,  stats ]=anova2( X,2 )
运行结果:
p=
  0.3009    0.0340    0.0024
table_2=
    {'来源'}  {'SS'}  {'df'}  {'MS'}  {'F'}  {'p 值(F)'}
    {'列'}  {[1.6200]}  {[1]}  {[  1.6200]}  {[1.4087]}
{[0.3009]}
    {'行'}  {[11.5200]}  {[1]}  {[11.5200]}  {[10.0174]}
{[0.0340]}
```

```
    {'交互效应'}{[54.0800]}  {[1]}  {[54.0800]}  {[47.0261]}
{[0.0024]}
    {'误差'}  {[4.6000]}  {[4]}  {[  1.1500]}  {0×0 double}
{0×0 double}
    {'合计'}{[71.8200]}  {[7]}  {0×0 double}  {0×0 double}
{0×0 double}
  stats=
        source:'anova2'
        sigmasq:1.1500
        colmeans:[42.1000 43]
            coln:4
        rowmeans:[41.3500 43.7500]
            rown:4
          inter:1
            pval:0.0024
              df:4
```

由运行结果判断，认为热处理温度(因素 A)对强度无显著影响，而时间(因素 B)对强度有显著影响，交互作用 $A\times B$ 对产品强度有显著影响.

习题5

1. 某工厂用三种不同的工艺生产某种类型电池，从各种工艺生产的电池中分别抽取样本并测得样本的寿命(使用时间)(单位：h)如下：

工艺1	40	46	38	42	44
工艺2	26	34	30	32	32
工艺3	39	40	43	48	50

问：在显著性水平 $\alpha=0.01$ 下进行方差分析，判断三种不同的工艺生产的某种类型电池的寿命有无显著差异？

2. 灯丝配料方案的优选. 某灯泡厂用4种不同配料方案制成的灯丝生产了4批灯泡. 在每批灯泡中随机抽取若干灯泡测得其使用寿命(单位：h)数据如下：

类型	使用寿命							
甲	1600	1610	1650	1680	1700	1720	1800	
乙	1580	1640	1640	1700	1750			
丙	1460	1550	1600	1640	1660	1740	1820	1620
丁	1510	1520	1530	1570	1600	1680		

试问这4种灯丝所生产的灯泡的使用寿命有无显著差异？($\alpha=0.05$)

3. 对5种不同操作方法生产某种产品作节约原料试验，在其他条件尽可能相同情况下，就4批试样测得原料节约额资料如下：

操作法	Ⅰ	Ⅱ	Ⅲ	Ⅳ	Ⅴ
节约额	4.3	6.1	6.5	9.3	9.5
	7.8	7.3	8.3	8.7	8.8
	3.2	4.2	8.6	7.2	11.4
	6.5	4.1	8.2	10.1	7.8

问：在显著性水平 $\alpha=0.05$ 下对其进行方差分析，操作法对原料节约额的影响的差异是否显著？

4. 一家牛奶公司有4台机器装填牛奶，每桶的容量为4L. 下表是从4台机器中抽取的样本数据.

机器Ⅰ	机器Ⅱ	机器Ⅲ	机器Ⅳ
4.05	3.99	3.97	4.00
4.01	4.02	3.98	4.02

(续)

机器Ⅰ	机器Ⅱ	机器Ⅲ	机器Ⅳ
4.02	4.01	3.97	3.99
4.04	3.99	3.95	4.01
	4.00	4.00	
	4.00		

问：在显著性水平 $\alpha = 0.01$ 下对其进行方差分析，检验4台机器的装填量是否相同?

5. 试验某种钢不同的含铜量在各种温度下的冲击强度，测得数据如下：

含铜量	温度			
	20℃	0℃	-20℃	-40℃
0.2%	66.5	65.7	66.9	64.0
0.4%	65.4	66.7	68.1	68.9
0.8%	66.9	71.1	72.0	73.4

试问不同含铜量、不同温度对冲击强度是否有显著影响?($\alpha=0.05$)

6. 车间里有5名工人，在3台不同型号的车床上生产同一品种产品，现让每个人轮流在3台车床上操作，记录其日产量数据如下：

型号	工人				
	1	2	3	4	5
1	64	73	63	81	78
2	75	66	61	73	80
3	78	67	80	69	71

试问这五位工人技术水平和不同车床型号之间对产量有无显著影响?($\alpha=0.05$)

7. 为研究不同的种植技术对樱桃产量的影响，选择5块不同的地块，每个地块分成3个区域，并随机采用3种种植技术，所统计数据结果如下：

地块 A	种植技术 B		
	B_1	B_2	B_3
A_1	69	75	78
A_2	89	88	90
A_3	60	72	81
A_4	64	61	67
A_5	83	86	84

试问不同的地块和不同的种植技术对樱桃产量有无显著影响?($\alpha=0.05$)

8. 某厂对所生产的高速铣刀进行淬火工艺试验，选择三种不同的等温温度：$A_1=280℃$，$A_2=300℃$，$A_3=320℃$；以及三种不同的淬火温度：$B_1=1210℃$，$B_2=1235℃$，$B_3=1250℃$；测得淬火后的铣刀硬度如下：

等温温度	淬火温度		
	B_1	B_2	B_3
A_1	64	66	68
A_2	66	68	67
A_3	65	67	68

问：(1) 等温温度对铣刀硬度是否有显著影响?($\alpha=0.05$)

(2) 淬火温度对铣刀硬度是否有显著影响?($\alpha=0.05$)

9. 考察合成纤维中对纤维弹性有影响的两个因素：收缩率(因素 A)和总拉伸倍数(因素 B). A 和 B 各取四种水平，整个试验重复两次的结果如下：

因素 A	因素 B			
	460(B_1)	520(B_2)	580(B_3)	640(B_4)
0(A_1)	71,73	72,73	75,73	77,75
4(A_2)	73,75	76,74	78,77	74,74
8(A_3)	76,73	79,77	74,75	74,73
12(A_4)	75,73	73,72	70,71	69,69

试问：收缩率、总拉伸倍数以及交互作用分别对纤维弹性有无显著影响?($\alpha=0.05$)

10. 火箭的射程(单位：km)与燃料的种类与推进器的型号有关. 现对四种不同的燃料与三种不同型号的推进器进行试验，每种组合各收集了三次数据结果，具体的统计的射程数据结果如下：

燃料	推进器		
	B_1	B_2	B_3
A_1	53.2,56.5,58.0	55.4,60.1,43.2	67.4,60.9,64.2
A_2	48.3,43.1,50.1	55.2,49.9,51.7	52.0,47.9,51.3
A_3	62.6,59.4,63.1	72.0,74.1,70.8	38.7,39.6,40.2
A_4	75.2,75.5,70.9	57.3,58.4,51.8	49.5,42.0,45.9

试分析燃料和推进器以及交互作用对火箭的射程有无显著影响. ($\alpha=0.05$)

11. 在某橡胶配方中，考虑了3种不同的促进剂(A)，4种不同分量的氧化锌(B)，同样的配方各重复一次，测得300%定伸强度如下：

因素 A	因素 B			
	B_1	B_2	B_3	B_4
A_1	31,33	34,36	35,36	39,38
A_2	33,34	36,37	37,39	38,41
A_3	35,37	37,38	39,40	42,44

问：促进剂、氧化锌以及它们的交互作用对定伸强度有无显著影响？

12. 为了研究金属管的防腐蚀功能，考虑了4种不同的涂料涂层. 将金属管埋设在3种不同性质的土壤中，经历了一定时间，测得金属管腐蚀的最大深度如下：

涂层	土壤		
	1	2	3
1	1.63	1.35	1.27
2	1.34	1.30	1.22
3	1.19	1.14	1.27
4	1.30	1.09	1.32

试在显著性水平 $\alpha=0.05$ 下，检验不同涂层下腐蚀的最大深度的平均值有无显著差异，在不同土壤下腐蚀的最大深度的平均值有无显著差异. 设两因素没有交互效应.

第6章 随机过程

中国数学家与数学家精神：
从炊事员到数学家
——马志明

随机过程通常被视为概率论的动态部分，概率论中研究的随机现象都是一个或有限多个随机变量的统计规律性. 在中心极限定理中讨论的也只不过是相互独立的随机变量序列. 在工程实践与经济管理中，还需要研究一些随机现象的发展和变化过程，即随时间变化的随机变量，而且涉及的随机变量个数往往是无穷多个，这就是随机过程的研究对象.

6.1 随机过程的基本概念

6.1.1 随机过程的定义

定义 6.1.1（随机过程） 设随机试验 E 的样本空间为 Ω，T 为一实数集，如果对任意给定的 $t\in T$，$X(\omega,t)$ 是定义在 Ω 上的随机变量，且对每一个 $\omega\in\Omega$，$X(\omega,t)$ 是定义在 T 上的函数，则称 $\{X(\omega,t),\omega\in\Omega,t\in T\}$ 为**随机过程**，简记为 $\{X(t),t\in T\}$.

定义中的集合 T 称为**参数集或参数空间**，通常表示时间，也可表示高度、长度等. 从数学的观点来看，随机过程是定义在 $\Omega\times T$ 上的二元函数，对于特定的试验结果 $\omega_0\in\Omega$，$X(\omega_0,t)$ 是定义在 T 上的普通函数，称之为随机过程对应于 ω_0 的一个**样本路径**或**样本函数**. 对于一切 $t\in T$ 和 $\omega\in\Omega$，$X(t,\omega)$ 的所有取值构成的集合称为**状态集**或**状态空间**，通常记为 S.

例 6.1.1 在某个有交通信号灯的路口，车辆依次排队通过，由于车辆到达路口的时间和每辆车的速度都是随机的，用 $X(t)$ 表示 t 时刻通过路口的车辆数，用 $Y(t)$ 表示 t 时刻到达路口的车辆所需的排队等候时间. 试判断 $X(t)$ 和 $Y(t)$ 是否是随机过程，若是随机过程，请给出其参数集和状态集.

解 由于当时间 t 固定时，$X(t)$ 和 $Y(t)$ 都是随机变量，同时研究对象固定为某一辆车时 $X(t)$ 和 $Y(t)$ 都是 t 的函数，因此根据定义 6.1.1 可知 $X(t)$ 和 $Y(t)$ 都是随机过程. 二者的参数集 $T=\{t \mid t\geqslant 0\}$，是连续的；$X(t)$ 的状态集为 $S_X=\{0,1,2,\cdots\}$，是离散的；而 $Y(t)$ 的状态集为 $S_Y=\{s \mid s\geqslant 0\}$，是连续的.

例 6.1.2 在某大型工厂中共有 N 台设备，每台设备每月均需要检修，如果在检修时发现问题则需要立即维修，用 $X(n)$ 表示第 n 个月需要维修的设备数量. 试判断 $X(n)$ 是否是随机过程，若是随机过程，请给出其参数集和状态集.

解 由于当月份 n 固定时，需要维修的设备数量是随机变量，即每一个 $X(n)$ 都是一个随机变量，同时研究对象固定为某一设备时 $X(n)$ 是月份 n 的函数，表达式为

$$X(n)=\begin{cases}1,\text{第 } n \text{ 个月该设备需要维修},\\0,\text{第 } n \text{ 个月该设备不需要维修}.\end{cases}$$

因此根据定义 6.1.1 可知 $X(n)$ 是随机过程. 其参数集 $T=\{1,2,\cdots,12\}$，是离散的有限集；其状态集 $S=\{0,1,2,\cdots,N\}$，也是离散的有限集.

6.1.2 有限维分布

对于一个或有限多个随机变量，掌握其分布函数或联合分布函数，即可以完全了解其统计规律. 类似地，对于随机过程 $\{X(t),t\in T\}$，为了描述其统计特征，就要知道对于一个或多个固定的 t 对应的随机变量 $X(t)$ 的分布函数. 这样的分布函数就是随机过程的有限维分布.

定义 6.1.2(有限维分布) 设 $\{X(t),t\in T\}$ 为一个随机过程.

(1) 对于任意确定的 $t\in T$ 及任意实数 x，称

$$F_1(x;t)=P\{X(t)\leqslant x\}$$

为随机过程 $\{X(t),t\in T\}$ 的**一维分布**；

(2) 对于任意确定的 $t_1,t_2\in T$ 及任意实数 x_1 和 x_2，称

$$F_2(x_1,x_2;t_1,t_2)=P\{X(t_1)\leqslant x_1,X(t_2)\leqslant x_2\}$$

为随机过程 $\{X(t),t\in T\}$ 的**二维分布**；

(3) 对于任意确定的 $t_1,t_2,\cdots,t_n\in T$ 及任意实数 $x_1,x_2,\cdots,x_n$，称

$$F_n(x_1,x_2,\cdots,x_n;t_1,t_2,\cdots,t_n)=P\{X(t_1)\leqslant x_1,X(t_2)\leqslant x_2,\cdots,X(t_n)\leqslant x_n\}$$

为随机过程 $\{X(t),t\in T\}$ 的 **n 维分布**.

随机过程的所有有限维分布的全体 $\{F_n(x_1,x_2,\cdots,x_n;t_1,t_2,\cdots,$

$t_n),n\geqslant 1\}$称为随机过程$\{X(t),t\in T\}$的**有限维分布族**.

例 6.1.3 设随机过程$X(t)=\xi\cos\pi t$，$-\infty<t<+\infty$，其中随机变量ξ的分布律为$P\{\xi=i\}=\dfrac{1}{3}$，$i=1,2,3$，试求X的一维分布$F_1(x;0)$和$F_1\left(x;\dfrac{1}{2}\right)$.

解 当$t=0$时，$X=\xi$可能取值为 1，2，3，由于$P\{\xi=i\}=\dfrac{1}{3}$，$i=1,2,3$，故

$$F_1(x;0)=\begin{cases}0,x<1,\\ \dfrac{1}{3},1\leqslant x<2,\\ \dfrac{2}{3},2\leqslant x<3,\\ 1,x\geqslant 3.\end{cases}$$

由于$t=\dfrac{1}{2}$时X只有一个取值 0，故

$$F_1\left(x;\frac{1}{2}\right)=\begin{cases}0,x<0,\\ 1,x\geqslant 0.\end{cases}$$

有限维分布族是随机过程概率特征的完整描述，是证明随机过程存在性的有力工具. 但是在实践中不可能得到随机过程的所有有限维分布，因此，人们想到了用数字特征刻画随机过程的性质. 下面根据随机变量的数字特征给出随机过程数字特征的定义.

定义 6.1.3 设$\{X(t),t\in T\}$为一个随机过程.

(1) 如果对任意的$t\in T$，期望$\mu_X(t)=E(X(t))$存在，则称其为随机过程$X(t)$的**均值函数**;

(2) 如果对任意的$t\in T$，$\varphi_X^2(t)=E(X^2(t))$存在，则称其为随机过程$X(t)$的**均方值函数**，那么，对任意的$t_1,t_2\in T$，称$\gamma_X(t_1,t_2)=E[(X(t_1)-\mu_X(t_1))(X(t_2)-\mu_X(t_2))]$为$X(t)$的**协方差函数**；对任意的$t\in T$，称$\mathrm{Var}(X(t))=\gamma_X(t,t)$为$X(t)$的**方差函数**，且$\mathrm{Var}(X(t))=\varphi_X^2(t)-\mu_X^2(t)$；对任意的$t_1,t_2\in T$，称$R_X(t_1,t_2)=E(X(t_1)X(t_2))$为$X(t)$的**自相关函数**. 显然，协方差函数与自相关函数之间的关系为$\gamma_X(t_1,t_2)=R_X(t_1,t_2)-\mu_X(t_1)\mu_X(t_2)$.

例 6.1.4　设随机过程$\{X(t)=\xi\cos\omega t+\eta\sin\omega t, t\in T\}$，其中随机变量$\xi$和$\eta$独立同分布，期望为 0，方差为 1，$\omega$为常数，试求$X(t)$的各种数字特征.

解　(1) 均值函数

$$\mu_X(t)=E(X(t))=E(\xi\cos\omega t+\xi\sin\omega t)=0.$$

(2) 自相关函数

$$\begin{aligned}R_X(t_1,t_2)&=E(X(t_1)X(t_2))\\&=E((\xi\cos\omega t_1+\eta\sin\omega t_1)(\xi\cos\omega t_2+\eta\sin\omega t_2))\\&=\cos\omega t_1\cos\omega t_2+\sin\omega t_1\sin\omega t_2\\&=\cos\omega(t_1-t_2).\end{aligned}$$

(3) 协方差函数

$$\gamma_X(t_1,t_2)=R_X(t_1,t_2)-\mu_X(t_1)\mu_X(t_2)=\cos\omega(t_1-t_2).$$

(4) 方差函数

$$\mathrm{Var}(X(t))=\gamma_X(t,t)=1.$$

6.1.3　随机过程的基本类型

按照随机过程的概率结构可将其分为二阶矩过程、平稳过程、独立增量过程等，下面将逐一介绍.

1. 二阶矩过程

定义 6.1.4(二阶矩过程)　设$\{X(t), t\in T\}$为一个随机过程，如果对任意的$t\in T$，其均方值函数存在，则称$X(t)$为**二阶矩过程**.

例 6.1.5　设随机过程$X(t)=\xi\cos\omega t, t\in T$，其中$\xi$为随机变量，$\omega$为常数，试在下列两个条件下判断$X(t)$是否为二阶矩过程：

(1) $\xi\sim N(0,\sigma^2)$；

(2) ξ的概率密度函数为$f(x)=\dfrac{1}{\pi}\dfrac{1}{1+x^2}$.

解　(1) 当$\xi\sim N(0,\sigma^2)$时，$X(t)$的均值函数

$$\mu_X(t)=E(\xi\cos\omega t)=0,$$

方差函数

$$\mathrm{Var}(X(t))=\varphi_X^2(t)-\mu_X^2(t)=E(\xi^2\cos^2\omega t)=\sigma^2\cos^2\omega t,$$

因此，$X(t)$是二阶矩过程.

(2) 当ξ的概率密度函数为$f(x)=\dfrac{1}{\pi}\dfrac{1}{1+x^2}$时，对于满足$\cos\omega t\neq 0$的$t\in T$，有

$$\varphi_X^2(t)=\int_{-\infty}^{+\infty}\frac{1}{\pi}\frac{x^2\cos^2\omega t}{1+x^2}\mathrm{d}x=\frac{1}{\pi}\cos^2\omega t\int_{-\infty}^{+\infty}\frac{x^2}{1+x^2}\mathrm{d}x=+\infty,$$

因此，$X(t)$不是二阶矩过程.

2. 平稳过程

定义 6.1.5(严平稳过程) 设$\{X(t),t\in T\}$为一个随机过程，如果对任意的$t_1,t_2,\cdots,t_n\in T$和任意的h，使得$(X(t_1+h),X(t_2+h),\cdots,X(t_n+h))$与$(X(t_1),X(t_2),\cdots,X(t_n))$具有相同的分布，则称$X(t)$为**严平稳过程**.

一般来说，有限维分布的平移不变性是一个很强的条件，不容易满足，且难以验证，因此引入了条件较弱的宽平稳过程.

定义 6.1.6(宽平稳过程) 设$\{X(t),t\in T\}$为二阶矩随机过程，如果$E[X(t)]=\mu$，协方差函数$\gamma_X(t_1,t_2)$只与时间差t_1-t_2有关，则称$X(t)$为**宽平稳(或二阶矩平稳)过程**.

例 6.1.6 对于例 6.1.4 中的$X(t)$，试讨论其宽平稳性.

解 因为$X(t)$的均值函数和方差函数均存在，且$\mu_X(t)=0$为常数，加之协方差函数$\gamma_X(t_1,t_2)=\cos\omega(t_1-t_2)$只与时间差$t_1-t_2$有关，因此，$X(t)$是宽平稳过程.

例 6.1.6 中随机过程 X(t)的 MATLAB 模拟

```
clc
clear all
n=1000;
A=randn(1,n);
B=randn(1,n);
t=linspace(0,10,n);
w=0.5;
Xt=A.*cos(w*t)+B.*sin(w*t)
figure(1)
plot(t,Xt)
figure(2)
autocorr(Xt)
```

运行结果：图 6.1.1a、b 所示分别为$X(t)$的一条样本路径和对应的自相关函数图像.

3. 独立增量过程与平稳增量过程

定义 6.1.7(独立增量过程) 设$\{X(t),t\in T\}$为一个随机过程.

（1）如果对任意的 $t_1,t_2,\cdots,t_n\in T$，$t_1<t_2<\cdots<t_n$，随机变量 $X(t_2)-X(t_1)$，…，$X(t_n)-X(t_{n-1})$ 相互独立，则称 $X(t)$ 为**独立增量过程**.

（2）如果对任意的 $t_1,t_2\in T$ 和任意的 h，$X(t_1+h)-X(t_1)$ 和 $X(t_2+h)-X(t_2)$ 的分布相同，则称 $X(t)$ 为**平稳增量过程**. 兼有**独立增量**和**平稳增量**的随机过程称为**平稳独立增量过程**.

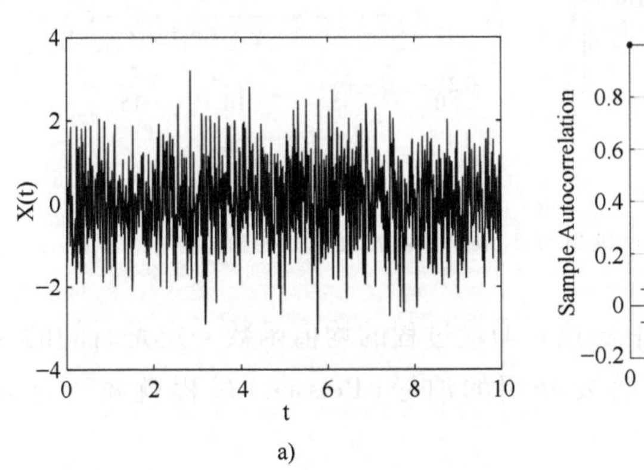

a)

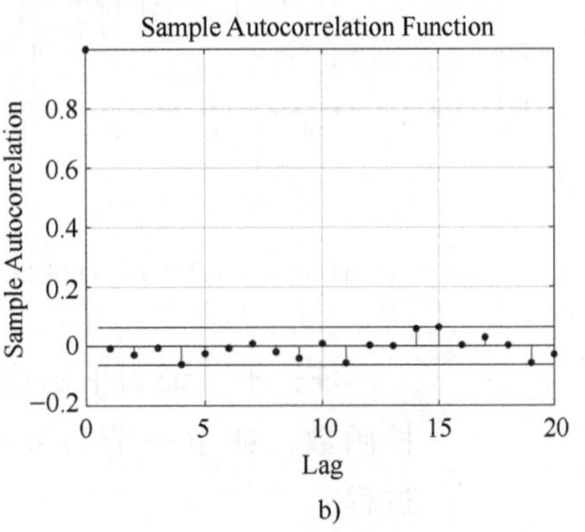

b)

图 6.1.1 $X(t)=\xi\cos\omega t+\eta\sin\omega t$ 的样本路径和自相关函数模拟

例 6.1.7 设 $X(t)=A+Bt$，其中，随机变量 A 和 B 独立同分布于 $N(0,1)$，$t\in\mathbf{R}$，试讨论 $X(t)$ 是否是平稳独立增量过程.

解 对任意的 $t_1,t_2,\cdots,t_n\in T$，$t_1<t_2<\cdots<t_n$，随机变量序列 $X(t_k)-X(t_{k-1})\sim N(0,t_k-t_{k-1})$，$k=2,3,\cdots,n$，相互独立，因此 $X(t)$ 为独立增量过程.

然而，随机变量序列 $X(t_k)-X(t_{k-1})\sim N(0,\ t_k-t_{k-1})$，$k=2,3,\cdots,n$ 的分布不同，因此，$X(t)$ 不是平稳独立增量过程.

例 6.1.7 中随机过程 X(t)的 MATLAB 模拟

```
clc
clear all
n=1000;
A=randn(1,n);
B=randn(1,n);
t=linspace(0,10,n);
Xt=A+B.*t;
figure(1)
plot(t,Xt)
figure(2)
autocorr(Xt)
```

运行结果：图 6.1.2a、b 所示为 $X(t)$ 的一条样本路径和对应的自相关函数图像.

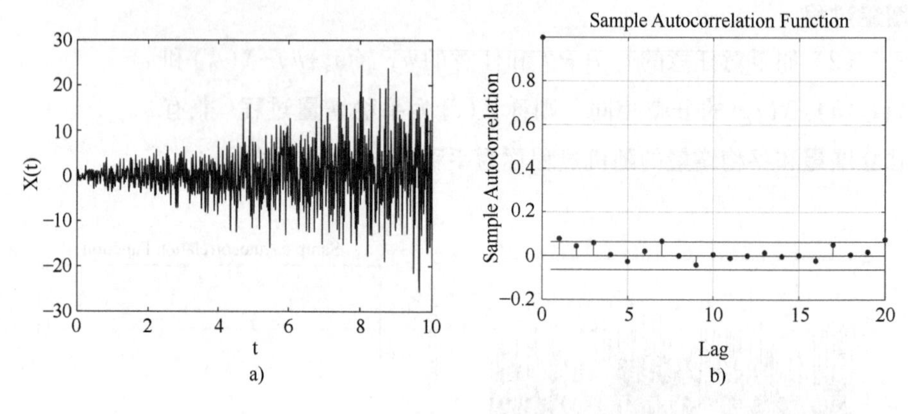

图 6.1.2　$X(t)=A+Bt$ 的样本路径和自相关函数模拟

注：不难证明平稳独立增量过程的均值函数一定是时间的线性函数，如下一节将要介绍的泊松(Poisson)过程就属于这类过程.

6.2　泊松过程

泊松过程是一种累计随机事件发生次数的最基本的独立增量过程. 例如，某一时间段在某互联网平台购物的人数，经过某一路口的车辆数，某大型工程中设备的故障次数等，都可以用泊松过程来刻画.

6.2.1　齐次泊松过程

泊松过程是一类具有平稳独立增量的计数过程，下面先给出计数过程的定义.

定义 6.2.1(计数过程)　如果随机过程 $\{N(t),t\geqslant 0\}$ 表示 0 到 t 时刻某一特定事件 A 发生的次数，且具备以下两个特点：

(1) $N(t)$ 的取值为非负整数；

(2) 对于任意两个时刻 $0\leqslant s<t$，有 $N(s)\leqslant N(t)$，且 $N(t)-N(s)$ 表示 $(s,t]$ 时间内事件 A 发生的次数，则称 $N(t)$ 为**计数过程**.

计数过程在实际中有着广泛的应用，只要对所观察的事件出现的次数感兴趣，就可以使用计数过程来描述.

定义 6.2.2(齐次泊松过程) 如果计数过程$\{N(t),t\geqslant 0\}$满足：

(1) $N(0)=0$;

(2) $\{N(t),t\geqslant 0\}$为独立增量过程；

(3) 对于任意两个时刻$0\leqslant s<t$，增量$N(t)-N(s)$服从参数$\lambda(t-s)$的泊松分布，即

$$P\{N(t)-N(s)=k\}=\frac{[\lambda(t-s)]^k}{k!}e^{-\lambda(t-s)},\ k=0,1,2,\cdots,$$

则称$N(t)$为强度为$\lambda(\lambda>0)$的**齐次泊松过程**.

例 6.2.1 设车辆依齐次泊松过程通过某交通路口，平均每分钟有 4 辆车通过，从中午 12：00 开始观测，试求：至 12：01 有 4 辆车通过而至 12：05 有 15 辆车通过的概率.

解 以 12：00 为时间起点，设$N(t)$为$[0,t)$内路口通过的车辆数，则依题意可知$N(t)$为齐次泊松过程，$\lambda=4$，$N(t)-N(s)\sim P(4(t-s))$，因此，至 12：01 有 4 辆车通过而至 12：05 有 15 辆车通过的概率为

$$\begin{aligned}&P\{N(1)=4,N(5)=15\}\\&=P\{N(1)-N(0)=4,N(5)-N(1)=11\}\\&=P\{N(1)-N(0)=4\}P\{N(5)-N(1)=11\}\\&=\frac{(4\times 1)^4}{4!}e^{-4\times 1}\times\frac{(4\times 4)^{11}}{11!}e^{-4\times 4}\\&\approx 0.0098.\end{aligned}$$

例 6.2.1 的 MATLAB 模拟

```
clc
clear all
Num=10000;
n=6;
s=0;
Nt=zeros(Num,n);
   lambda=4;
   t=[0:5];
for i=1:Num
    for j=1:n
        Nt(i,j)=poissrnd(lambda*t(j),1,1);
    end
    if Nt(i,2)==4&Nt(i,6)==15
        s=s+1;
    end
    stairs(t,Nt(i,:))
```

```
    hold on
end
mNt=mean(Nt)
plot([0:n-1],mNt,'b--','linewidth',3)
p=s/Num
```
运行结果:
```
mNt=
0    4.0036    8.0036  11.9954  15.9949  20.0358
p=
0.0098
```

图 6.2.1 所示为 10000 条样本路径，其中“粗虚线”为均值函数图像.

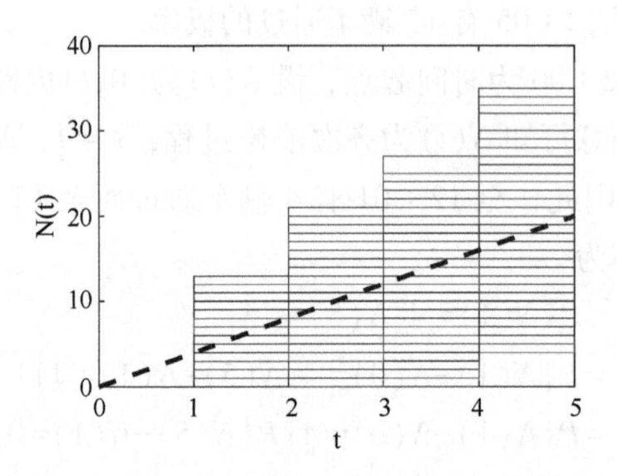

图 6.2.1 泊松过程及其均值函数的模拟

6.2.2 与泊松过程相联系的若干分布

齐次泊松过程 $N(t)$ 表示 0 到 t 时刻某一特定事件 A 发生的次数，而在实际中往往还要研究事件 A 每次发生的时刻及连续两次发生的时间间隔的分布. 如图 6.2.2 所示，$\{N(t), t\geqslant 0\}$ 的样本路径应是跳跃度为 1 的阶梯函数. 以 T_n 表示事件 A 第 n 次发生时刻，规定 $T_0=0$，令 $X_n=T_n-T_{n-1}$，则 X_n 表示事件 A 第 n 次与第 $n-1$ 次发生的时间间隔，$n=1,2,\cdots$.

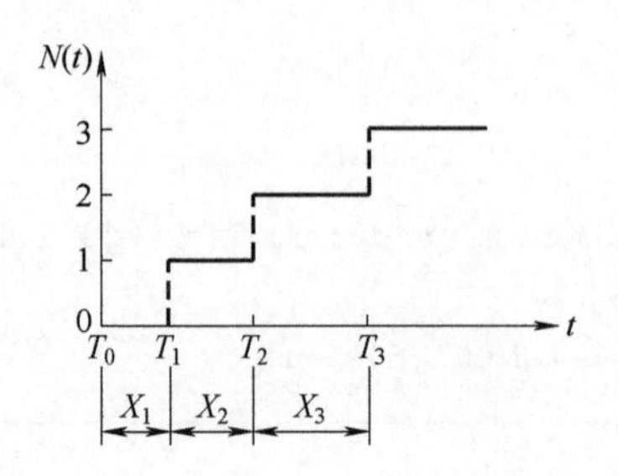

图 6.2.2 齐次泊松过程的样本路径

1. 时间间隔的分布

定理 6.2.1 时间间隔 $X_n(n=1,2,\cdots)$ 服从参数为 λ 的指数分布，且相互独立.

证明 首先考虑 X_1 的分布，由于事件 $\{X_1>t\}$ 等价于 $\{N(t)=0\}$，即截至 t 时刻事件没有发生过，因此

$$P\{X_1>t\}=P\{N(t)=0\}=\mathrm{e}^{-t\lambda},$$

故

$$P\{X_1\leqslant t\}=1-\mathrm{e}^{-t\lambda}.$$

接下来再讨论 X_2 的分布：

$$\begin{aligned}P\{X_2>t\mid X_1=s\}&=P\{N(t+s)-N(s)=0\mid N(s)=1\}\\&=P\{N(t+s)-N(s)=0\}\\&=\mathrm{e}^{-\lambda t},\end{aligned}$$

由此可知 X_1 与 X_2 相互独立，且都服从参数为 λ 的指数分布，以此类推可得到一般性的结论.

注：定理 6.2.1 的结论有一定的必然性，由于泊松过程具有平稳独立增量性，表示随机过程在任何时刻都具有“无记忆性”，这与指数分布的无记忆性是对应的.

2. 到达时刻的分布

定理 6.2.2 到达时刻 $T_n(n=1,2,\cdots)$ 服从参数为 n 和 λ 的 Γ 分布，即 T_n 的概率密度函数为

$$f_{T_n}(t)=\begin{cases}\dfrac{\lambda(\lambda t)^{n-1}}{(n-1)!}\mathrm{e}^{-\lambda t}, & t>0,\\ 0, & t\leqslant 0.\end{cases}$$

证明 由 $X_n=T_n-T_{n-1}$ 可知 $T_n=\sum\limits_{i=1}^{n}X_i$，$n=1,2,\cdots$，由定理 6.2.1 可知 X_n 是独立同分布的指数分布随机变量，而指数分布是参数 $n=1$ 时的 Γ 分布，根据 Γ 分布的独立可加性，可知 T_n 服从参数为 n 和 λ 的 Γ 分布.

注：定理 6.2.2 的证明还可以根据泊松过程的定义使用分布函数法进行推导得到其概率密度函数来进行，有兴趣的读者可以详加讨论.

例 6.2.2 假定某天文台观测到的流星数是一个泊松过程，平均每小时可观测到 3 颗流星. 试求：

（1）流星到达时刻的分布；

(2) 在 3h 之内观测到 10 颗流星的概率.

解 设 $N(t)$ 为 $[0,t)$ 内观测到的流星数，T_n 为第 n 颗流星被观测到的时刻，则 $N(t)$ 为泊松过程，参数 $\lambda=3$，$N(t)\sim P(3t)$.

(1) 根据定理 6.2.2 可知 $T_n\sim\Gamma(n,3)$；

(2) 在 3h 之内观测到 10 颗流星的概率

$$\begin{aligned}P\{T_{10}\leqslant 3\}&=P\{N(3)\geqslant 10\}\\&=1-P\{N(3)<10\}\\&=1-\sum_{k=1}^{9}P\{N(3)=k\}\\&=0.4127.\end{aligned}$$

6.2.3 泊松过程的推广

1. 非齐次泊松过程

当泊松过程的强度 λ 依赖于时间 t 时，泊松过程就不再具有平稳增量性. 这种泊松过程在实际中也比较常见，例如设备的故障率会随着使用年限的增加而变大，某地区的降水量随着季节变化而变化等，在这些情况下就需要使用非齐次泊松过程来处理.

定义 6.2.3(非齐次泊松过程) 如果计数过程 $\{N(t),t\geqslant 0\}$ 满足：

(1) $N(0)=0$;

(2) $\{N(t),t\geqslant 0\}$ 为独立增量过程；

(3) $P\{N(t+h)-N(t)=1\}=\lambda(t)h+o(h)$，且 $P\{N(t+h)-N(t)\geqslant 2\}=o(h)$，

则称 $N(t)$ 为强度为 $\lambda(t)$ $(\lambda(t)>0)$ 的**非齐次泊松过程**，称 $m(t)=\int_0^t\lambda(t)\,\mathrm{d}t$ 为 $N(t)$ 的**均值函数或累积强度函数**.

例 6.2.3 设某大型装备制造设备的使用期限为 8 年，设备的核心部件在前 4 年内平均 2.5 年需要更换一次，后 4 年平均 2 年需要更换一次. 试求该设备在使用期限内只更换过一次核心部件的概率.

解 设 $N(t)$ 为 $[0,t)$ 内的维修次数，$N(t)$ 为非齐次泊松过程，以年为时间单位，其强度函数为

$$\lambda(t)=\begin{cases}0.4, 0\leqslant t\leqslant 4,\\0.5, 4<t\leqslant 8,\end{cases}$$

$$m(t)=\int_0^8\lambda(t)\,\mathrm{d}t=\int_0^4 0.4\mathrm{d}t+\int_4^8 0.5\mathrm{d}t=3.6,$$

$$P\{N(8)-N(0)=1\}=\frac{m(8)}{1!}\mathrm{e}^{-m(8)}=3.6\mathrm{e}^{-3.6}\approx 0.0984.$$

例 6.2.3 的 MATLAB 实现

```
clc
clear all
lam1=0.4;
lam2=0.5;
mt1=trapz([0:4],lam1 * ones(1,5));
mt2=trapz([4:8],lam2 * ones(1,5));
mt=mt1+mt2;
p=poisspdf(1,mt)
Num=10000;
s=0;
t=[0:8]
n=length(t);
Nt=zeros(Num,n);
mt_1=cumtrapz([0:4],lam1 * ones(1,5))
mt_2=mt_1(end)+cumtrapz([4:8],lam2 * ones(1,5))
m_t=[mt_1 mt_2(2:end)]
for i=1:Num
    for j=1:n
        Nt(i,j)=poissrnd(m_t(j),1,1);
    end
    if Nt(i,end)==1
        s=s+1;
    end
    stairs(t,Nt(i,:))
    hold on
end
mNt=mean(Nt)
ps=s/Num
plot([0:n-1],mNt,'b--','linewidth',3)
```

运行结果：

```
p=
0.0984
mNt=
0  0.4050  0.7983  1.2138  1.5867  2.1084  2.6114  3.0787
3.6045
ps=
0.0987
```

图 6.2.3 所示为 10000 条样本路径，其中“粗虚线”为均值函数图像.

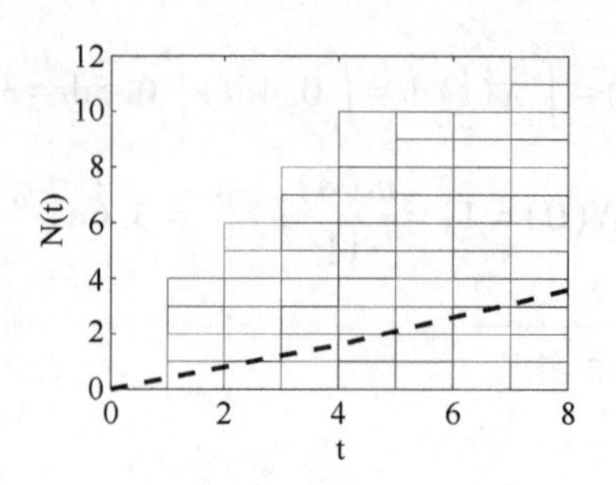

图 6.2.3 非齐次泊松过程及其均值函数的模拟

2. 复合泊松过程

定义 6.2.4(复合泊松过程) 如果随机过程$\{X(t),t\geqslant 0\}$可以表示为$X(t)=\sum_{i=1}^{N(t)} Y_i$，其中$\{N(t),t\geqslant 0\}$为泊松过程，$\{Y_i,i=1,2,\cdots\}$为独立同分布的随机变量序列，且与$\{N(t),t\geqslant 0\}$相互独立，则称$X(t)$为**复合泊松过程**.

容易看出，泊松过程不一定是计数过程，只有当其中的$Y_i\equiv c$，$i=1,2,\cdots$时，复合泊松过程就变成了泊松过程. 同时复合泊松过程还满足如下性质：

(1) $X(t)$有独立增量；

(2) 若$E(Y_i^2)<+\infty$，则$E(X(t))=\lambda tE(Y_1)$，$\mathrm{Var}(X(t))=\lambda tE(Y_1^2)$.

例 6.2.4 假定某个车间的车床每周发生故障的数量服从强度$\lambda=2$的泊松过程，根据以往的经验，发生故障的车床需要更换的部件数为 1，2，3，4 的概率分别为$\frac{1}{6}$，$\frac{1}{3}$，$\frac{1}{3}$，$\frac{1}{6}$，那么 5 周之内更换的部件数的期望和方差分别为多少?

解 设Y_i表示第i台车床发生故障时需要更换的部件数，则Y_i的分布律为

Y_i	1	2	3	4
P	$\frac{1}{6}$	$\frac{1}{3}$	$\frac{1}{3}$	$\frac{1}{6}$

$$E(Y_i)=1\times\frac{1}{6}+2\times\frac{1}{3}+3\times\frac{1}{3}+4\times\frac{1}{6}=\frac{5}{2},$$

$$E(Y_i^2)=1^2\times\frac{1}{6}+2^2\times\frac{1}{3}+3^2\times\frac{1}{3}+4^2\times\frac{1}{6}=\frac{43}{6},$$

每周发生故障的数量服从泊松过程$\{N(t),t\geqslant 0\}$，则$[0,t]$时间内需要更换的部件数为$X(t)=\sum_{i=1}^{N(t)} Y(i)$，是一个复合泊松过程，那么

5周之内更换的部件数为 $X(5)=\sum_{i=1}^{N(5)} Y_i$，因此

$$E(X(t))=2\times5\times\frac{5}{2}=25,$$

$$\mathrm{Var}(X(t))=2\times5\times\frac{43}{6}=\frac{215}{3}.$$

例6.2.4的MATLAB实现

```
clc
clear all
Num=10000;
t=[1:5];
n=length(t);
lambda=2;
X5=[];
for i=1:Num
    Xt=[];
    for j=1:n
        Nt=poissrnd(lambda*t(j),1,1);
        if Nt==0
            xt=0;
        else
            Yj=randsrc(1,Nt,[1 2 3 4;1/6 1/3 1/3 1/6]);
            xt=sum(Yj);
            Xt=[Xt xt];
        end
    end
    X5=[X5;Xt(end)];
end
mX5=mean(X5)
VX5=var(X5)
```

运行结果：

```
    E_X5=
        25.0492
    Var_X5=
        71.7230
```

6.3 马尔可夫链

有一类随机过程具备“无后效性”，即要确定过程将来的状态，只需知道当前的状态即可，并不需要知道以往的状态，这类过程称为马尔可夫(Markov)过程，本节介绍离散状态的马尔可夫过程——马尔可夫链.

6.3.1 马尔可夫链的定义

定义 6.3.1(马尔可夫链) 设随机过程$\{X_n,n=0,1,2,\cdots\}$的状态集 S 为有限集或可列集，如果对于任意的正整数 n，以及任意的状态 $i,j,i_0,i_1,\cdots,i_{n-1}$，有

$$P\{X_{n+1}=j \mid X_0=i_0,X_1=i_1,\cdots,X_{n-1}=i_{n-1},X_n=i_n\}=P\{X_{n+1}=j \mid X_n=i_n\}, \tag{6.3.1}$$

则称随机过程$\{X_n,n=0,1,2,\cdots\}$为马尔可夫链，式(6.3.1)表示的性质称为马尔可夫性.

定义 6.3.2(初始分布) 设随机过程$\{X_n,n=0,1,2,\cdots\}$的状态集为 S，则初始时刻的分布

$$\pi_0(i)=P\{X(0)=i\},\ i\in S$$

称为该随机过程的**初始分布**，其向量形式为

$$\boldsymbol{\pi}_0=(\pi_0(1),\pi_0(2),\cdots,\pi_0(N),\cdots),$$

显然，$\pi_0(i)$满足下列性质：

(1) 非负性：$\pi_0(i)\geqslant 0$，$i\in S$；

(2) 规范性：$\sum\limits_{i\in S}\pi_0(i)=1$.

定义 6.3.3(转移概率) 条件概率 $P\{X_{n+1}=j \mid X_n=i\}$称为马尔可夫链$\{X_i,i=0,1,2,\cdots\}$的一步转移概率，记为 p_{ij}，其含义为处于状态 i 经过一步转移到状态 j 的概率. 并且称以 p_{ij}为元素的矩阵

$$\boldsymbol{P}=(p_{ij})=\begin{pmatrix} p_{00} & p_{01} & p_{02} & \cdots \\ p_{10} & p_{11} & p_{12} & \cdots \\ p_{20} & p_{21} & p_{22} & \cdots \\ \vdots & \vdots & \vdots & \end{pmatrix}$$

为**转移概率矩阵**，简称为**转移矩阵**. 由于转移概率是非负的，且过程必须转移到某状态，故容易看出 $p_{ij}(i,j\in S)$有如下性质：

(1) 非负性：$p_{ij}\geqslant 0$，$i,j\in S$；

(2) 规范性：$\sum\limits_{j\in S}p_{ij}=1$，$i\in S$.

一般情况下，马尔可夫链的转移概率 p_{ij}与状态 i，j 和时刻 n 有关，当 p_{ij}只与状态 i 和 j 有关，而与时刻 n 无关时，则称之为**时**

齐马尔可夫链；否则，称为**非时齐**的.

例 6.3.1　有一只蚂蚁在如图 6.3.1 所示的路线上随机爬行，假定蚂蚁在交叉节点处爬向与该节点相连的每条路线的概率是相等的，以每个节点为状态，试求该马尔可夫链的转移矩阵.

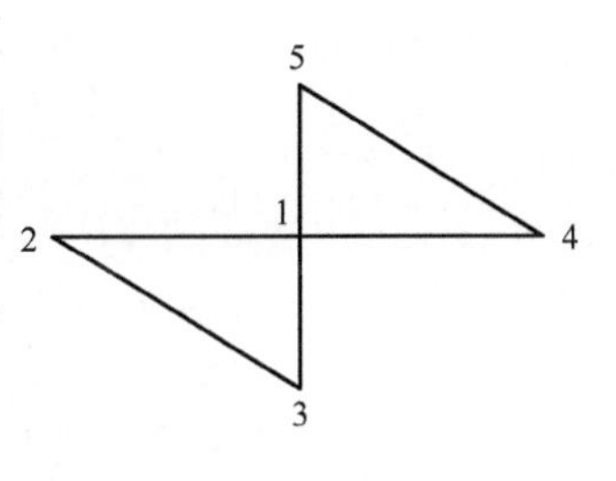

图 6.3.1　蚂蚁爬行示意图

解　依题意可知，该马尔可夫链的状态集为$\{1,2,3,4,5\}$，且 $p_{12}=p_{13}=p_{14}=p_{15}=\dfrac{1}{4}$，$p_{21}=p_{23}=\dfrac{1}{2}$，$p_{31}=p_{32}=\dfrac{1}{2}$，$p_{41}=p_{45}=\dfrac{1}{2}$，$p_{51}=p_{54}=\dfrac{1}{2}$，其余元素均为 0，因此，转移矩阵

$$\boldsymbol{P}=(p_{ij})_{5\times5}=\begin{pmatrix} 0 & \frac{1}{4} & \frac{1}{4} & \frac{1}{4} & \frac{1}{4} \\ \frac{1}{2} & 0 & \frac{1}{2} & 0 & 0 \\ \frac{1}{2} & \frac{1}{2} & 0 & 0 & 0 \\ \frac{1}{2} & 0 & 0 & 0 & \frac{1}{2} \\ \frac{1}{2} & 0 & 0 & \frac{1}{2} & 0 \end{pmatrix}.$$

6.3.2　转移概率与 K-C 方程

定义 6.3.4(*n* 步转移概率)　条件概率

$$p_{ij}^{(n)}=P\{X_{m+n}=j \mid X_m=i\},\ i,j\in S,\ m\geqslant 0,\ n\geqslant 0$$

称为马尔可夫链的 n **步转移概率**，称相应的矩阵 $\boldsymbol{P}^{(n)}=(p_{ij}^{(n)})$ 为 n **步转移概率矩阵**.

特殊地，当 $n=1$ 时 $p_{ij}^{(1)}=p_{ij}$，$\boldsymbol{P}^{(1)}=\boldsymbol{P}$，并规定

$$p_{ij}^{(0)}=\begin{cases}0, i\neq j,\\ 1, i=j.\end{cases}$$

显然，n 步转移概率 $p_{ij}^{(n)}$ 表示系统从状态 i 经过 n 步后转移到状态 j 的概率，对中间的 $n-1$ 步经过的状态没有要求. 下面的定理给出了 $p_{ij}^{(n)}$ 和 p_{ij} 的关系.

定理 6.3.1(K-C 方程)　设 $\{X_n, n=0,1,2,\cdots\}$ 为马尔可夫链，对任意的整数 $m,n\geqslant 0$，$i,j\in S$ 有

(1) $p_{ij}^{(m+n)}=\sum\limits_{k\in S}p_{ik}^{(m)}p_{kj}^{(n)}$；　(6.3.2)

(2) $\boldsymbol{P}^{(n)}=\boldsymbol{P}\boldsymbol{P}^{(n-1)}=\boldsymbol{P}\boldsymbol{P}\boldsymbol{P}^{(n-2)}=\cdots=\boldsymbol{P}^n$.　(6.3.3)

上面两组方程称之为**柯尔莫哥洛夫-查普曼**(Kolmogorov-Chapman)**方程**，简称为 **K-C 方程**.

证明 式(6.3.2)可根据马尔可夫性和全概率公式来证明，具体过程如下：

$$
\begin{aligned}
p_{ij}^{(m+n)} &= P\{X_{m+n}=j \mid X_0=i\} \\
&= \frac{P\{X_{m+n}=j, X_0=i\}}{P\{X_0=i\}} \\
&= \sum_{k\in S}\frac{P\{X_{m+n}=j, X_m=k, X_0=i\}}{P\{X_0=i\}} \\
&= \sum_{k\in S}\frac{P\{X_{m+n}=j, X_m=k, X_0=i\}}{P\{X_0=i\}}\frac{P\{X_m=k, X_0=i\}}{P\{X_m=k, X_0=i\}} \\
&= \sum_{k\in S} P\{X_{m+n}=j \mid X_m=k, X_0=i\} P\{X_m=k \mid X_0=i\} \\
&= \sum_{k\in S} p_{ik}^{(m)} p_{kj}^{(n)},
\end{aligned}
$$

而式(6.3.3)是式(6.3.2)的矩阵形式，利用矩阵乘法即可得到.

例 6.3.2 试求例 6.3.1 中的蚂蚁经过 4 步由状态“5”出发再回到状态“5”的概率.

解 根据 K-C 方程

$$
\boldsymbol{P}^{(4)} = \boldsymbol{P}^4 = \begin{pmatrix}
\frac{17}{64} & \frac{1}{8} & \frac{1}{8} & \frac{19}{64} & \frac{3}{16} \\
\frac{1}{4} & \frac{13}{64} & \frac{5}{64} & \frac{15}{64} & \frac{11}{64} \\
\frac{1}{4} & \frac{9}{64} & \frac{13}{64} & \frac{15}{64} & \frac{11}{64} \\
\frac{7}{32} & \frac{1}{16} & \frac{1}{16} & \frac{13}{32} & \frac{1}{4} \\
\frac{5}{32} & \frac{7}{64} & \frac{7}{64} & \frac{23}{64} & \frac{17}{64}
\end{pmatrix},
$$

因此，经过 4 步由状态“5”出发再回到状态“5”的概率为 $p_{55}^{(4)}=\frac{17}{64}$.

6.3.3 状态的分类及性质

定义 6.3.5 设马尔可夫链的状态集为 S，若存在 $n\geqslant 0$ 使得 $P_{ij}^{(n)}>0$，记为 $i\to j(i,j\in S)$，称状态 i 可达状态 j. 若同时有 $j\to i$，则称状态 i 与状态 j 互通，记为 $j\leftrightarrow i$.

定理 6.3.2 互通是一种等价关系，即满足：

（1）自反性：$i \leftrightarrow i$；

（2）对称性：$i \leftrightarrow j$，则 $j \leftrightarrow i$；

（3）传递性：$i \leftrightarrow j$，$j \leftrightarrow k$，则 $i \leftrightarrow k$.

将任何两个互通的状态归为一类，由定理 6.3.2 可知，在同一类的状态应该都是互通的，并且任何一个状态都不可能同时属于一个类.

定义 6.3.6 若马尔可夫链只存在一类，就称之为不可约的；否则，称为可约的.

定义 6.3.7 若集合$\{n \mid n \geqslant 1, p_{ij}^{(n)}>0\}$非空，则其最大公约数 $d=d(i)$ 为状态 i 的周期. 若 $d>1$，则称 i 为周期的；若 $d=1$，则称 i 为非周期的. 并且规定当集合为空集时，其周期为无穷大.

定理 6.3.3 若状态 i 和 j 属于同一类，则 $d(i)=d(j)$.

定义 6.3.8 对于任何状态 i 和 j，以 $f_{ij}^{(n)}$ 表示从状态 i 出发经历 n 步后首次到达状态 j 的概率，则有

$f_{ij}^{(0)}=\delta_{ij}$，$f_{ij}^{(n)}=P\{X_n=j, X_k \neq j, k=1,2,\cdots,n-1 \mid X_0=i\}$，$n \geqslant 1$，

令 $f_{ij}=\sum\limits_{n=1}^{\infty} f_{ij}^{(n)}$，若 $f_{jj}=1$，则称状态 j 为常返状态；若 $f_{ij}<1$，则称状态 j 为非常返状态或瞬时状态.

根据定义 6.3.8 可知，$\mu_i=\sum\limits_{n=1}^{\infty} f_{ii}^{(n)}$ 表示由 i 出发再返回 i 所需的平均步数.

定义 6.3.9 对于常返状态 i，若 $\mu_i<+\infty$，则称 i 为正常返状态；否则，称之为零常返状态.

特别地，若 i 为正常返状态，且是非周期的，则称为遍历状态，若 i 为遍历状态，且 $f_{ii}^{(1)}=1$，则称 i 为吸收状态，显然有 $\mu_i=1$.

例 6.3.3 设马尔可夫链的状态空间为 $S=\{1,2,3,4\}$，其一步转移概率矩阵为

$$P=\begin{pmatrix} \frac{1}{2} & \frac{1}{2} & 0 & 0 \\ 1 & 0 & 0 & 0 \\ 0 & \frac{1}{3} & \frac{2}{3} & 0 \\ \frac{1}{2} & 0 & \frac{1}{2} & 0 \end{pmatrix},$$

试将状态进行分类.

解 由一步转移概率矩阵 P，对一切 $n\geqslant 1$，$f_{44}{}^{(n)}=0$，从而 $\sum\limits_{n=1}^{\infty}f_{44}{}^{(n)}=0$，故状态 4 是非常返状态.

又 $f_{33}{}^{(1)}=\frac{2}{3}$，且 $f_{33}{}^{(n)}=\frac{2}{3}$，$n\geqslant 2$，从而 $\sum\limits_{n=1}^{\infty}f_{33}{}^{(n)}=\frac{2}{3}$，故状态 3 是非常返状态. 但状态 1 与状态 2 是常返状态，因为

$$f_{11}=f_{11}{}^{(1)}+f_{11}{}^{(2)}=\frac{1}{2}+\frac{1}{2}=1,$$

$$f_{22}=\sum_{n=1}^{\infty}f_{22}{}^{(n)}=0+\frac{1}{2}+\frac{1}{2^2}+\cdots+\frac{1}{2^n}+\cdots=1,$$

又因为

$$\mu_1=\sum_{n=1}^{\infty}nf_{11}{}^{(n)}=1\times\frac{1}{2}+2\times\frac{1}{2}=\frac{3}{2}<\infty,$$

$$\mu_2=\sum_{n=1}^{\infty}nf_{22}{}^{(n)}=\sum_{n=2}^{\infty}\frac{n}{2^{n-1}}=3<\infty,$$

故状态 1 与状态 2 都是正常返状态，又因其周期都是 1，因此都是遍历状态.

6.3.4 极限分布

由 K-C 方程可知，一个马尔可夫链从状态 i 出发，经过 n 步转移到状态 j 的概率满足方程 $p_{ij}^{(n)}=\sum\limits_{k\in S}p_{ik}^{(m)}p_{kj}^{(n-m)}$，$0\leqslant m<n$. 此时，我们便很自然地想要深入了解 $p_{ij}^{(n)}$ 的极限情形，鉴于此，给出如下定理.

定理 6.3.4 设马尔可夫链 $\{X_n,n=0,1,2,\cdots\}$ 的状态集为 $S=\{1,2,\cdots,N\}$，初始分布为 $\boldsymbol{\pi}_0=(\pi_0(1),\pi_0(2),\cdots,\pi_0(N))$. 令 $\boldsymbol{\pi}_n=(\pi_n(1),\pi_n(2),\cdots,\pi_n(N))$，则 $\boldsymbol{\pi}_{n+1}=\boldsymbol{\pi}_n\boldsymbol{P}$，$\boldsymbol{\pi}_n=\boldsymbol{\pi}_0\boldsymbol{P}^n$. 其中，$\pi_n(j)=P\{X(n)=j\}$，$i\in S$.

证明 对任意的 $j=1,2,\cdots,N$，根据全概率公式有

$$\begin{aligned}\boldsymbol{\pi}_{n+1}(j) &= P\{X(n+1)=j\} \\ &= \sum_{i=1}^{N} P\{X(n+1)=j \mid X(n=i)\} P\{X(n=i)\} \\ &= \sum_{i=1}^{N} p_{ij}\pi_n(i)\},\end{aligned}$$

这就证明了 $\boldsymbol{\pi}_{n+1}=\boldsymbol{\pi}_n\boldsymbol{P}$，在此基础上进行迭代即可得到 $\boldsymbol{\pi}_n=\boldsymbol{\pi}_0\boldsymbol{P}^n$.

注：如果当 $n\to\infty$ 时，$\boldsymbol{\pi}_n$ 的极限存在，记为 $\boldsymbol{\pi}$，即 $\boldsymbol{\pi}(i)=\lim\limits_{n\to\infty}\boldsymbol{\pi}_n(i)$，$i\in S$，则对 $\boldsymbol{\pi}_{n+1}=\boldsymbol{\pi}_n\boldsymbol{P}$ 两边同时取极限可得 $\boldsymbol{\pi}=\boldsymbol{\pi}\boldsymbol{P}$，称 $\boldsymbol{\pi}$ **为极限分布**.

定理 6.3.5(基本极限定理)　若齐次马尔可夫链 $\{X_n,n=0,1,2,\cdots\}$ 的状态空间为有限集 $S=\{1,2,\cdots,N\}$，且满足：

(1) 其每一个状态是**非周期的**；

(2) 该马尔可夫链**不可约**，

则称该马尔可夫链具有**遍历性**，且 $\boldsymbol{\pi}_j=\lim\limits_{n\to\infty}p_{ij}{}^{(n)}$ 是满足 $\boldsymbol{\pi}_j\geqslant 0$ 和 $\sum\limits_{j\in S}\boldsymbol{\pi}_j=1$ 的方程的唯一解.

注：定理 6.3.5 表明不可约的马尔可夫链，极限分布是存在的，而且是唯一的.

例 6.3.4　倘若有 6 个仓库，其分布如图 6.3.2 所示. 货运卡车每天可以从一个仓库驶向与之直接相连的仓库，并在夜晚到达仓库留宿，次日凌晨按相同的规律行驶. 设每日凌晨开往邻近的任何一个仓库都是等可能的，试说明很长时间后，各站每晚留宿的货运卡车比例将趋于稳定，并求出该比例以便于设置各仓库的存储规模.

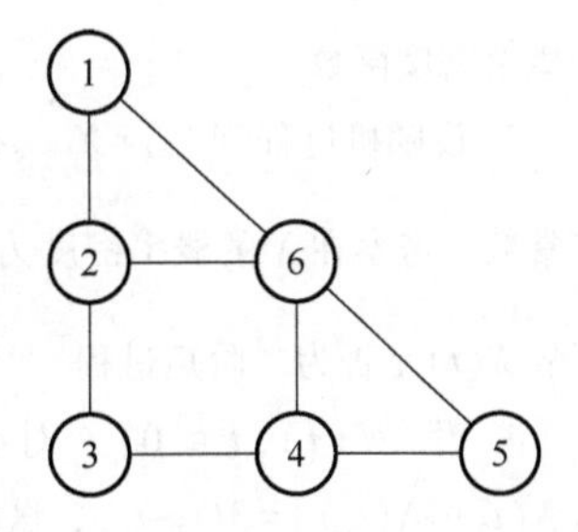

图 6.3.2　仓库分布示意图

解　以 X_n 表示第 n 天某辆货运卡车留宿的仓库号，则 $\{X_n, n=0,1,2,\cdots\}$ 是一个马尔可夫链，其转移概率矩阵为

$$\boldsymbol{P}=\begin{pmatrix} 0 & \frac{1}{2} & 0 & 0 & 0 & \frac{1}{2} \\ \frac{1}{3} & 0 & \frac{1}{3} & 0 & 0 & \frac{1}{3} \\ 0 & \frac{1}{2} & 0 & \frac{1}{2} & 0 & 0 \\ 0 & 0 & \frac{1}{3} & 0 & \frac{1}{3} & \frac{1}{3} \\ 0 & 0 & 0 & \frac{1}{2} & 0 & \frac{1}{2} \\ \frac{1}{4} & \frac{1}{4} & 0 & \frac{1}{4} & \frac{1}{4} & 0 \end{pmatrix},$$

解方程组

$$\begin{cases}\boldsymbol{\pi}=\boldsymbol{\pi}\boldsymbol{P},\\ \sum_{i=1}^{6}\pi_i=1,\end{cases}$$

其中，$\boldsymbol{\pi}=(\pi_1,\pi_2,\cdots,\pi_6)$，可得 $\boldsymbol{\pi}=\left(\frac{1}{8},\frac{3}{16},\frac{1}{8},\frac{3}{16},\frac{1}{8},\frac{1}{4}\right)$. 因此，无论货运卡车从哪一个仓库出发，在很长时间后它在任意一个仓库留宿的概率都是固定的，故所有货运卡车也将以一个稳定的比例在各仓库留宿.

习题 6

1. 设随机过程 $X(t)=A\cos t$，$-\infty<t<+\infty$，其中 A 是随机变量，且分布律为

$$P\{A=i\}=\frac{1}{3},i=1,2,3,$$

试求：$X(t)$的一维分布函数 $F_1\left(x,\frac{\pi}{4}\right)$.

2. 设随机过程$\{X(t)=V\cos\omega t,t\in\mathbf{R}\}$，其中 ω 是实常数，随机变量 $V\sim U(0,1)$，求 $t=\frac{\pi}{\omega}$时 $X(t)$ 的概率密度函数.

3. 设随机过程$\{X(t)=X\cos\omega t,t\in T\}$，其中 ω 是实常数，考察在 X 的概率密度为$f(x)=\frac{1}{\pi}\frac{1}{1+x^2}$条件下的 $X(t)$是否为二阶矩过程.

4. 设$\{N(t),t\geqslant 0\}$，对任意 $t_2>t_1\geqslant 0$ 有 $E[N(t_2)-N(t_1)]=3(t_2-t_1)$，试求：

(1) $P\{N(1)\leqslant 3\}$；

(2) $P\{N(1)=1,N(3)=2\}$；

(3) $P\{N(1)\geqslant 2\mid N(1)\geqslant 1\}$.

5. 经过大量的观测与数据统计，发现某地区的天气变化满足如下规律：

1）今天晴，明天仍是晴的概率为 0.5，明天阴的概率为 0.5；

2）今天阴，明天晴的概率为 0.5，明天下雨的概率为 0.5；

3）今天下雨，明天阴的概率为 0.5，明天仍下雨的概率为 0.5.

上述信息可使用马尔可夫模型来描述，请以数字“1”“2”“3”分别代表天气状态“晴”“阴”“下雨”，解决下列问题：

(1) 画出状态转移图；

(2) 给出 1 步状态转移矩阵 $\boldsymbol{P}$；

(3) 给出 2 步状态转移矩阵 $\boldsymbol{P}^{(2)}$；

(4) 给出极限分布.

附　表

附表1　标准正态分布表

$$\Phi(x)=P\{X\leqslant x\}=\int_{-\infty}^{x}\frac{1}{\sqrt{2\pi}}e^{-\frac{t^2}{2}}dt$$

x	0.00	0.01	0.02	0.03	0.04	0.05	0.06	0.07	0.08	0.09
0.0	0.5000	0.5040	0.5080	0.5120	0.5160	0.5199	0.5239	0.5279	0.5319	0.5359
0.1	0.5398	0.5438	0.5478	0.5517	0.5557	0.5596	0.5636	0.5675	0.5714	0.5753
0.2	0.5793	0.5832	0.5871	0.5910	0.5948	0.5987	0.6026	0.6064	0.6103	0.6141
0.3	0.6179	0.6217	0.6255	0.6293	0.6331	0.6368	0.6404	0.6443	0.6480	0.6517
0.4	0.6554	0.6591	0.6628	0.6664	0.6700	0.6736	0.6772	0.6808	0.6844	0.6879
0.5	0.6915	0.6950	0.6985	0.7019	0.7054	0.7088	0.7123	0.7157	0.7190	0.7224
0.6	0.7257	0.7291	0.7324	0.7357	0.7389	0.7422	0.7454	0.7486	0.7517	0.7549
0.7	0.7580	0.7611	0.7642	0.7673	0.7703	0.7734	0.7764	0.7794	0.7823	0.7852
0.8	0.7881	0.7910	0.7939	0.7967	0.7995	0.8023	0.8051	0.8078	0.8106	0.8133
0.9	0.8159	0.8186	0.8212	0.8238	0.8264	0.8289	0.8355	0.8340	0.8365	0.8389
1.0	0.8413	0.8438	0.8461	0.8485	0.8508	0.8531	0.8554	0.8577	0.8599	0.8621
1.1	0.8643	0.8665	0.8686	0.8708	0.8729	0.8749	0.8770	0.8790	0.8810	0.8830
1.2	0.8849	0.8869	0.8888	0.8907	0.8925	0.8944	0.8962	0.8980	0.8997	0.9015
1.3	0.9032	0.9049	0.9066	0.9082	0.9099	0.9115	0.9131	0.9147	0.9162	0.9177
1.4	0.9192	0.9207	0.9222	0.9236	0.9251	0.9265	0.9279	0.9292	0.9306	0.9319
1.5	0.9332	0.9345	0.9357	0.9370	0.9382	0.9394	0.9406	0.9418	0.9430	0.9441
1.6	0.9452	0.9463	0.9474	0.9484	0.9495	0.9505	0.9515	0.9525	0.9535	0.9535
1.7	0.9554	0.9564	0.9573	0.9582	0.9591	0.9599	0.9608	0.9616	0.9625	0.9633
1.8	0.9641	0.9648	0.9656	0.9664	0.9672	0.9678	0.9686	0.9693	0.9700	0.9706
1.9	0.9713	0.9719	0.9726	0.9732	0.9738	0.9744	0.9750	0.9756	0.9762	0.9767
2.0	0.9772	0.9778	0.9783	0.9788	0.9793	0.9798	0.9803	0.9808	0.9812	0.9817
2.1	0.9821	0.9826	0.9830	0.9834	0.9838	0.9842	0.9846	0.9850	0.9854	0.9857
2.2	0.9861	0.9864	0.9868	0.9871	0.9874	0.9878	0.9881	0.9884	0.9887	0.9890
2.3	0.9893	0.9896	0.9898	0.9901	0.9904	0.9906	0.9909	0.9911	0.9913	0.9916
2.4	0.9918	0.9920	0.9922	0.9925	0.9927	0.9929	0.9931	0.9932	0.9934	0.9936
2.5	0.9938	0.9940	0.9941	0.9943	0.9945	0.9946	0.9948	0.9949	0.9951	0.9952
2.6	0.9953	0.9955	0.9956	0.9957	0.9959	0.9960	0.9961	0.9962	0.9963	0.9964
2.7	0.9965	0.9966	0.9967	0.9968	0.9969	0.9970	0.9971	0.9972	0.9973	0.9974
2.8	0.9974	0.9975	0.9976	0.9977	0.9977	0.9978	0.9979	0.9979	0.9980	0.9981
2.9	0.9981	0.9982	0.9982	0.9983	0.9984	0.9984	0.9985	0.9985	0.9986	0.9986
3.0	0.9987	0.9990	0.9993	0.9995	0.9997	0.9998	0.9998	0.9999	0.9999	1.0000

附表 2 泊松分布表

$$F(k)=P\{X\leqslant k\}=\sum_{i=0}^{k}\frac{\lambda'}{i!}\mathrm{e}^{-\lambda}$$

k	λ													
	0.1	0.2	0.3	0.4	0.5	0.6	0.7	0.8	0.9	1.0	1.5	2.0	2.5	3.0
0	0.9048	0.8187	0.7408	0.6703	0.6065	0.5488	0.4966	0.4493	0.4066	0.3679	0.2231	0.1353	0.0821	0.0498
1	0.9953	0.9825	0.9631	0.9384	0.9098	0.8781	0.8442	0.8088	0.7725	0.7358	0.5578	0.4060	0.2873	0.1991
2	0.9998	0.9989	0.9964	0.9921	0.9856	0.9769	0.9659	0.9526	0.9371	0.9197	0.8088	0.6767	0.5438	0.4232
3	1.0000	0.9999	0.9997	0.9992	0.9982	0.9966	0.9942	0.9909	0.9865	0.9810	0.9344	0.8571	0.7576	0.6472
4		1.0000	1.0000	0.9999	0.9998	0.9996	0.9992	0.9986	0.9977	0.9963	0.9814	0.9473	0.8912	0.8153
5				1.0000	1.0000	1.0000	0.9999	0.9998	0.9997	0.9994	0.9955	0.9834	0.9580	0.9161
6							1.0000	1.0000	1.0000	0.9999	0.9991	0.9955	0.9858	0.9665
7										1.0000	0.9998	0.9989	0.9958	0.9881
8											1.0000	0.9998	0.9989	0.9962
9												1.0000	0.9997	0.9989
10													0.9999	0.9997
11													1.0000	0.9999
12														1.0000

附表 3 *t* 分布表

$$P\{t(n)>t_\alpha(n)\}=\alpha$$

n	α					
	0.250	0.100	0.050	0.025	0.010	0.005
1	1.0000	3.0777	6.3138	12.7062	31.8205	63.6567
2	0.8165	1.8856	2.9200	4.3027	6.9646	9.9248
3	0.7649	1.6377	2.3534	3.1824	4.5407	5.8409
4	0.7407	1.5332	2.1318	2.7764	3.7469	4.6041
5	0.7267	1.4759	2.0150	2.5706	3.3649	4.0321
6	0.7176	1.4398	1.9432	2.4469	3.1427	3.7074
7	0.7111	1.4149	1.8946	2.3646	2.9980	3.4995
8	0.7064	1.3968	1.8595	2.3060	2.8965	3.3554
9	0.7027	1.3830	1.8331	2.2622	2.8214	3.2498
10	0.6998	1.3722	1.8125	2.2281	2.7638	3.1693
11	0.6974	1.3634	1.7959	2.2010	2.7181	3.1058
12	0.6955	1.3562	1.7823	2.1788	2.6810	3.0545
13	0.6938	1.3502	1.7709	2.1604	2.6503	3.0123
14	0.6924	1.3450	1.7613	2.1448	2.6245	2.9768
15	0.6912	1.3406	1.7531	2.1314	2.6025	2.9467

（续）

n	α					
	0. 250	0. 100	0. 050	0. 025	0. 010	0. 005
16	0. 6901	1. 3368	1. 7459	2. 1199	2. 5835	2. 9208
17	0. 6892	1. 3334	1. 7396	2. 1098	2. 5669	2. 8982
18	0. 6884	1. 3304	1. 7341	2. 1009	2. 5524	2. 8784
19	0. 6876	1. 3277	1. 7291	2. 0930	2. 5395	2. 8609
20	0. 6870	1. 3253	1. 7247	2. 0860	2. 5280	2. 8453
21	0. 6864	1. 3232	1. 7207	2. 0796	2. 5176	2. 8314
22	0. 6858	1. 3212	1. 7171	2. 0739	2. 5083	2. 8188
23	0. 6853	1. 3195	1. 7139	2. 0687	2. 4999	2. 8073
24	0. 6848	1. 3178	1. 7109	2. 0639	2. 4922	2. 7969
25	0. 6844	1. 3163	1. 7081	2. 0595	2. 4851	2. 7874
26	0. 6840	1. 3150	1. 7056	2. 0555	2. 4786	2. 7787
27	0. 6837	1. 3137	1. 7033	2. 0518	2. 4727	2. 7707
28	0. 6834	1. 3125	1. 7011	2. 0484	2. 4671	2. 7633
29	0. 6830	1. 3114	1. 6991	2. 0452	2. 4620	2. 7564
30	0. 6828	1. 3104	1. 6973	2. 0423	2. 4573	2. 7500
31	0. 6825	1. 3095	1. 6955	2. 0395	2. 4528	2. 7440
32	0. 6822	1. 3086	1. 6939	2. 0369	2. 4487	2. 7385
33	0. 6820	1. 3077	1. 6924	2. 0345	2. 4448	2. 7333
34	0. 6818	1. 3070	1. 6909	2. 0322	2. 4411	2. 7284
35	0. 6816	1. 3062	1. 6896	2. 0301	2. 4377	2. 7238
36	0. 6814	1. 3055	1. 6883	2. 0281	2. 4345	2. 7195
37	0. 6812	1. 3049	1. 6871	2. 0262	2. 4314	2. 7154
38	0. 6810	1. 3042	1. 6860	2. 0244	2. 4286	2. 7116
39	0. 6808	1. 3036	1. 6849	2. 0227	2. 4258	2. 7079
40	0. 6807	1. 3031	1. 6839	2. 0211	2. 4233	2. 7045
41	0. 6805	1. 3025	1. 6829	2. 0195	2. 4208	2. 7012
42	0. 6804	1. 3020	1. 6820	2. 0181	2. 4185	2. 6981
43	0. 6802	1. 3016	1. 6811	2. 0167	2. 4163	2. 6951
44	0. 6801	1. 3011	1. 6802	2. 0154	2. 4141	2. 6923
45	0. 6800	1. 3006	1. 6794	2. 0141	2. 4121	2. 6896

附表4　χ^2 分布表

$$P\{\chi^2(n) > \chi^2_\alpha(n)\} = \alpha$$

n	α											
	0. 995	0. 990	0. 975	0. 950	0. 900	0. 750	0. 250	0. 100	0. 050	0. 025	0. 010	0. 005
1	0. 000	0. 000	0. 001	0. 004	0. 016	0. 102	1. 323	2. 706	3. 841	5. 024	6. 635	7. 879
2	0. 010	0. 020	0. 051	0. 103	0. 211	0. 575	2. 773	4. 605	5. 991	7. 378	9. 210	10. 597
3	0. 072	0. 115	0. 216	0. 352	0. 584	1. 213	4. 108	6. 251	7. 815	9. 348	11. 345	12. 838

(续)

n	α											
	0.995	0.990	0.975	0.950	0.900	0.750	0.250	0.100	0.050	0.025	0.010	0.005
4	0.207	0.297	0.484	0.711	1.064	1.923	5.385	7.779	9.488	11.143	13.277	14.860
5	0.412	0.554	0.831	1.145	1.610	2.675	6.626	9.236	11.070	12.833	15.086	16.750
6	0.676	0.872	1.237	1.635	2.204	3.455	7.841	10.645	12.592	14.449	16.812	18.548
7	0.989	1.239	1.690	2.167	2.833	4.255	9.037	12.017	14.067	16.013	18.475	20.278
8	1.344	1.646	2.180	2.733	3.490	5.071	10.219	13.362	15.507	17.535	20.090	21.955
9	1.735	2.088	2.700	3.325	4.168	5.899	11.389	14.684	16.919	19.023	21.666	23.589
10	2.156	2.558	3.247	3.940	4.865	6.737	12.549	15.987	18.307	20.483	23.209	25.188
11	2.603	3.053	3.816	4.575	5.578	7.584	13.701	17.275	19.675	21.920	24.725	26.757
12	3.074	3.571	4.404	5.226	6.304	8.438	14.845	18.549	21.026	23.337	26.217	28.300
13	3.565	4.107	5.009	5.892	7.042	9.299	15.984	19.812	22.362	24.736	27.688	29.819
14	4.075	4.660	5.629	6.571	7.790	10.165	17.117	21.064	23.685	26.119	29.141	31.319
15	4.601	5.229	6.262	7.261	8.547	11.037	18.245	22.307	24.996	27.488	30.578	32.801
16	5.142	5.812	6.908	7.962	9.312	11.912	19.369	23.542	26.296	28.845	32.000	34.267
17	5.697	6.408	7.564	8.672	10.085	12.792	20.489	24.769	27.587	30.191	33.409	35.718
18	6.265	7.015	8.231	9.390	10.865	13.675	21.605	25.989	28.869	31.526	34.805	37.156
19	6.844	7.633	8.907	10.117	11.651	14.562	22.718	27.204	30.144	32.852	36.191	38.582
20	7.434	8.260	9.591	10.851	12.443	15.452	23.828	28.412	31.410	34.170	37.566	39.997
21	8.034	8.897	10.283	11.591	13.240	16.344	24.935	29.615	32.671	35.479	38.932	41.401
22	8.643	9.542	10.982	12.338	14.041	17.240	26.039	30.813	33.924	36.781	40.289	42.796
23	9.260	10.196	11.689	13.091	14.848	18.137	27.141	32.007	35.172	38.076	41.638	44.181
24	9.886	10.856	12.401	13.848	15.659	19.037	28.241	33.196	36.415	39.364	42.980	45.559
25	10.520	11.524	13.120	14.611	16.473	19.939	29.339	34.382	37.652	40.646	44.314	46.928
26	11.160	12.198	13.844	15.379	17.292	20.843	30.435	35.563	38.885	41.923	45.642	48.290
27	11.808	12.879	14.573	16.151	18.114	21.749	31.528	36.741	40.113	43.195	46.963	49.645
28	12.461	13.565	15.308	16.928	18.939	22.657	32.620	37.916	41.337	44.461	48.278	50.993
29	13.121	14.256	16.047	17.708	19.768	23.567	33.711	39.087	42.557	45.722	49.588	52.336
30	13.787	14.953	16.791	18.493	20.599	24.478	34.800	40.256	43.773	46.979	50.892	53.672
31	14.458	15.655	17.539	19.281	21.434	25.390	35.887	41.422	44.985	48.232	52.191	55.003
32	15.134	16.362	18.291	20.072	22.271	26.304	36.973	42.585	46.194	49.480	53.486	56.328
33	15.815	17.074	19.047	20.867	23.110	27.219	38.058	43.745	47.400	50.725	54.776	57.648
34	16.501	17.789	19.806	21.664	23.952	28.136	39.141	44.903	48.602	51.966	56.061	58.964
35	17.192	18.509	20.569	22.465	24.797	29.054	40.223	46.059	49.802	53.203	57.342	60.275
36	17.887	19.233	21.336	23.269	25.643	29.973	41.304	47.212	50.998	54.437	58.619	61.581
37	18.586	19.960	22.106	24.075	26.492	30.893	42.383	48.363	52.192	55.668	59.893	62.883
38	19.289	20.691	22.878	24.884	27.343	31.815	43.462	49.513	53.384	56.896	61.162	64.181
39	19.996	21.426	23.654	25.695	28.196	32.737	44.539	50.660	54.572	58.120	62.428	65.476
40	20.707	22.164	24.433	26.509	29.051	33.660	45.616	51.805	55.758	59.342	63.691	66.766
41	21.421	22.906	25.215	27.326	29.907	34.585	46.692	52.949	56.942	60.561	64.950	68.053
42	22.138	23.650	25.999	28.144	30.765	35.510	47.766	54.090	58.124	61.777	66.206	69.336
43	22.859	24.398	26.785	28.965	31.625	36.436	48.840	55.230	59.304	62.990	67.459	70.616
44	23.584	25.148	27.575	29.787	32.487	37.363	49.913	56.369	60.481	64.201	68.710	71.893
45	24.311	25.901	28.366	30.612	33.350	38.291	50.985	57.505	61.656	65.410	69.957	73.166

附表5　F 分布表

$$P\{F(n_1,\ n_2)>F_{\alpha}(n_1,\ n_2)\}=\alpha$$

$\alpha=0.1$

n_2	n_1																		
	1	2	3	4	5	6	7	8	9	10	12	15	20	24	30	40	60	120	∞
1	39.86	49.50	53.59	55.83	57.24	58.20	58.91	59.44	59.86	60.19	60.71	61.22	61.74	62.00	62.26	62.53	62.79	63.06	63.33
2	8.53	9.00	9.16	9.24	9.29	9.33	9.35	9.37	9.38	9.39	9.41	9.42	9.44	9.45	9.46	9.47	9.47	9.48	9.49
3	5.54	5.46	5.39	5.34	5.31	5.28	5.27	5.25	5.24	5.23	5.22	5.20	5.18	5.18	5.17	5.16	5.15	5.14	5.13
4	4.54	4.32	4.19	4.11	4.05	4.01	3.98	3.95	3.94	3.92	3.90	3.87	3.84	3.83	3.82	3.80	3.79	3.78	4.76
5	4.06	3.78	3.62	3.52	3.45	3.40	3.37	3.34	3.32	3.30	3.27	3.24	3.21	3.19	3.17	3.16	3.14	3.12	3.10
6	3.78	3.46	3.29	3.18	3.11	3.05	3.01	2.98	2.96	2.94	2.90	2.87	2.84	2.82	2.80	2.78	2.76	2.74	2.72
7	3.59	3.26	3.07	2.96	2.88	2.83	2.78	2.75	2.72	2.70	2.67	2.63	2.59	2.58	2.56	2.54	2.51	2.49	2.47
8	3.46	3.11	2.92	2.81	2.73	2.67	2.62	2.59	2.56	2.54	2.50	2.46	2.42	2.40	2.38	2.36	2.34	2.32	2.29
9	3.36	3.01	2.81	2.69	2.61	2.55	2.51	2.47	2.44	2.42	2.38	2.34	2.30	2.28	2.25	2.23	2.21	2.18	2.16
10	3.29	2.92	2.73	2.61	2.52	2.46	2.41	2.38	2.35	2.32	2.28	2.24	2.20	2.18	2.16	2.13	2.11	2.08	2.06
11	3.23	2.86	2.66	2.54	2.45	2.39	2.34	2.30	2.27	2.25	2.21	2.17	2.12	2.10	2.08	2.05	2.03	2.00	1.97
12	3.18	2.81	2.61	2.48	2.39	2.33	2.28	2.24	2.21	2.19	2.15	2.10	2.06	2.04	2.01	1.99	1.96	1.93	1.90
13	3.14	2.76	2.56	2.43	2.35	2.28	2.23	2.20	2.16	2.14	2.10	2.05	2.01	1.98	1.96	1.93	1.90	1.88	1.85
14	3.10	2.73	2.52	2.39	2.31	2.24	2.19	2.15	2.12	2.10	2.05	2.01	1.96	1.94	1.91	1.89	1.86	1.83	1.80
15	3.07	2.70	2.49	2.36	2.27	2.21	2.16	2.12	2.09	2.06	2.02	1.97	1.92	1.90	1.87	1.85	1.82	1.79	1.76
16	3.05	2.67	2.46	2.33	2.24	2.18	2.13	2.09	2.06	2.03	1.99	1.94	1.89	1.87	1.84	1.81	1.78	1.75	1.72
17	3.03	2.64	2.44	2.31	2.22	2.15	2.10	2.06	2.03	2.00	1.96	1.91	1.86	1.84	1.81	1.78	1.75	1.72	1.69
18	3.01	2.62	2.42	2.29	2.20	2.13	2.08	2.04	2.00	1.98	1.93	1.89	1.84	1.81	1.78	1.75	1.72	1.69	1.66
19	2.99	2.61	2.40	2.27	2.18	2.11	2.06	2.02	1.98	1.96	1.91	1.86	1.81	1.79	1.76	1.73	1.70	1.67	1.63
20	2.97	2.59	2.38	2.25	2.16	2.09	2.04	2.00	1.96	1.94	1.89	1.84	1.79	1.77	1.74	1.71	1.68	1.64	1.61
21	2.96	2.57	2.36	2.23	2.14	2.08	2.02	1.98	1.95	1.92	1.87	1.83	1.78	1.75	1.72	1.69	1.66	1.62	1.59
22	2.95	2.56	2.35	2.22	2.13	2.06	2.01	1.97	1.93	1.90	1.86	1.81	1.76	1.73	1.70	1.67	1.64	1.60	1.57
23	2.94	2.55	2.34	2.21	2.11	2.05	1.99	1.95	1.92	1.89	1.84	1.80	1.74	1.72	1.69	1.66	1.62	1.59	1.55
24	2.93	2.54	2.33	2.19	2.10	2.04	1.98	1.94	1.91	1.88	1.83	1.78	1.73	1.70	1.67	1.64	1.61	1.57	1.53
25	2.92	2.53	2.32	2.18	2.09	2.02	1.97	1.93	1.89	1.87	1.82	1.77	1.72	1.69	1.66	1.63	1.59	1.56	1.52
26	2.91	2.52	2.31	2.17	2.08	2.01	1.96	1.92	1.88	1.86	1.81	1.76	1.71	1.68	1.65	1.61	1.58	1.54	1.50
27	2.90	2.51	2.30	2.17	2.07	2.00	1.95	1.91	1.87	1.85	1.80	1.75	1.70	1.67	1.64	1.60	1.57	1.53	1.49
28	2.89	2.50	2.29	2.16	2.06	2.00	1.94	1.90	1.87	1.84	1.79	1.74	1.69	1.66	1.63	1.59	1.56	1.52	1.48
29	2.89	2.50	2.28	2.15	2.06	1.99	1.93	1.89	1.86	1.83	1.78	1.73	1.68	1.65	1.62	1.58	1.55	1.51	1.47
30	2.88	2.49	2.28	2.14	2.05	1.98	1.93	1.88	1.85	1.82	1.77	1.72	1.67	1.64	1.61	1.57	1.54	1.50	1.46
40	2.84	2.44	2.23	2.09	2.00	1.93	1.87	1.83	1.79	1.76	1.71	1.66	1.61	1.57	1.54	1.51	1.47	1.42	1.38
60	2.79	2.39	2.18	2.04	1.95	1.87	1.82	1.77	1.74	1.71	1.66	1.60	1.54	1.51	1.48	1.44	1.40	1.35	1.29
120	2.75	2.35	2.13	1.99	1.90	1.82	1.77	1.72	1.68	1.65	1.60	1.55	1.48	1.45	1.41	1.37	1.32	1.26	1.19
∞	2.71	2.30	2.08	1.94	1.85	1.77	1.72	1.67	1.63	1.60	1.55	1, 49	1.42	1.38	1.34	1.30	1.24	1.17	1.00

(续)

$\alpha=0.05$

n_2	n_1																		
	1	2	3	4	5	6	7	8	9	10	12	15	20	24	30	40	60	120	∞
1	161.4	199.5	215.7	224.6	230.2	234.0	236.8	238.9	240.5	241.9	243.9	245.9	248.0	249.1	250.1	251.1	252.2	253.3	254.3
2	18.51	19.00	19.16	19.25	19.30	19.33	19.35	19.37	19.38	19.40	19.41	19.43	19.45	19.45	19.46	19.47	19.48	19.49	19.50
3	10.13	9.55	9.28	9.12	9.01	8.94	8.89	8.85	8.81	8.79	8.74	8.70	8.66	8.64	8.62	8.59	8.57	8.55	8.53
4	7.71	6.94	6.59	6.39	6.26	6.16	6.09	6.04	6.00	5.96	5.91	5.86	5.80	5.77	5.75	5.72	5.69	5.66	5.63
5	6.61	5.79	5.41	5.19	5.05	4.95	4.88	4.82	4.77	4.74	4.68	4.62	4.56	4.53	4.50	4.46	4.43	4.40	4.36
6	5.99	5.14	4.76	4.53	4.39	4.28	4.21	4.15	4.10	4.06	4.00	3.94	3.87	3.84	3.81	3.77	3.74	3.70	3.67
7	5.59	4.74	4.35	4.12	3.97	3.87	3.79	3.73	3.68	3.64	3.57	3.51	3.44	3.41	3.38	3.34	3.30	3.27	3.23
8	5.32	4.46	4.07	3.84	3.69	3.58	3.50	3.44	3.39	3.35	3.28	3.22	3.15	3.12	3.08	3.04	3.01	2.97	2.93
9	5.12	4.26	3.86	3.63	3.48	3.37	3.29	3.23	3.18	3.14	3.07	3.01	2.94	2.90	2.86	2.83	2.79	2.75	2.71
10	4.96	4.10	3.71	3.48	3.33	3.22	3.14	3.07	3.02	2.98	2.91	2.85	2.77	2.74	2.70	2.66	2.62	2.58	2.54
11	4.84	3.98	3.59	3.36	3.20	3.09	3.01	2.95	2.90	2.85	2.79	2.72	2.65	2.61	2.57	2.53	2.49	2.45	2.40
12	4.75	3.89	3.49	3.26	3.11	3.00	2.91	2.85	2.80	2.75	2.69	2.62	2.54	2.51	2.47	2.43	2.38	2.34	2.30
13	4.67	3.81	3.41	3.18	3.03	2.92	2.83	2.77	2.71	2.67	2.60	2.53	2.46	2.42	2.38	2.34	2.30	2.25	2.21
14	4.60	3.74	3.34	3.11	2.96	2.85	2.76	2.70	2.65	2.60	2.53	2.46	2.39	2.35	2.31	2.27	2.22	2.18	2.13
15	4.54	3.68	3.29	3.06	2.90	2.79	2.71	2.64	2.59	2.54	2.48	2.40	2.33	2.29	2.25	2.20	2.16	2.11	2.07
16	4.49	3.63	3.24	3.01	2.85	2.74	2.66	2.59	2.54	2.49	2.42	2.35	2.28	2.24	2.19	2.15	2.11	2.06	2.01
17	4.45	3.59	3.20	2.96	2.81	2.70	2.61	2.55	2.49	2.45	2.38	2.31	2.23	2.19	2.15	2.10	2.06	2.01	1.96
18	4.41	3.55	3.16	2.93	2.77	2.66	2.58	2.51	2.46	2.41	2.34	2.27	2.19	2.15	2.11	2.06	2.02	1.97	1.92
19	4.38	3.52	3.13	2.90	2.74	2.63	2.54	2.48	2.42	2.38	2.31	2.23	2.16	2.11	2.07	2.03	1.98	1.93	1.88
20	4.35	3.49	3.10	2.87	2.71	2.60	2.51	2.45	2.39	2.35	2.28	2.20	2.12	2.08	2.04	1.99	1.95	1.90	1.84
21	4.32	3.47	3.07	2.84	2.68	2.57	2.49	2.42	2.37	2.32	2.25	2.18	2.10	2.05	2.01	1.96	1.92	1.87	1.81
22	4.30	3.44	3.05	2.82	2.66	2.55	2.46	2.40	2.34	2.30	2.23	2.15	2.07	2.03	1.98	1.94	1.89	1.84	1.78
23	4.28	3.42	3.03	2.80	2.64	2.53	2.44	2.37	2.32	2.27	2.20	2.13	2.05	2.01	1.96	1.91	1.86	1.81	1.76
24	4.26	3.40	3.01	2.78	2.62	2.51	2.42	2.36	2.30	2.25	2.18	2.11	2.03	1.98	1.94	1.89	1.84	1.79	1.73
25	4.24	3.39	2.99	2.76	2.60	2.49	2.40	2.34	2.28	2.24	2.16	2.09	2.01	1.96	1.92	1.87	1.82	1.77	1.71
26	4.23	3.37	2.98	2.74	2.59	2.47	2.39	2.32	2.27	2.22	2.15	2.07	1.99	1.95	1.90	1.85	1.80	1.75	1.69
27	4.21	3.35	2.96	2.73	2.57	2.46	2.37	2.31	2.25	2.20	2.13	2.06	1.97	1.93	1.88	1.84	1.79	1.73	1.67
28	4.20	3.34	2.95	2.71	2.56	2.45	2.36	2.29	2.24	2.19	2.12	2.04	1.96	1.91	1.87	1.82	1.77	1.71	1.65
29	4.18	3.33	2.93	2.70	2.55	2.43	2.35	2.28	2.22	2.18	2.10	2.03	1.94	1.90	1.85	1.81	1.75	1.70	1.64
30	4.17	3.32	2.92	2.69	2.53	2.42	2.33	2.27	2.21	2.16	2.09	2.01	1.93	1.89	1.84	1.79	1.74	1.68	1.62
40	4.08	3.23	2.84	2.61	2.45	2.34	2.25	2.18	2.12	2.08	2.00	1.92	1.84	1.79	1.74	1.69	1.64	1.58	1.51
60	4.00	3.15	2.76	2.53	2.37	2.25	2.17	2.10	2.04	1.99	1.92	1.84	1.75	1.70	1.65	1.59	1.53	1.47	1.39
120	3.92	3.07	2.68	2.45	2.29	2.18	2.09	2.02	1.96	1.91	1.83	1.75	1.66	1.61	1.55	1.50	1.43	1.35	1.25
∞	3.84	3.00	2.60	2.37	2.21	2.10	2.01	1.94	1.88	1.83	1.75	1.67	1.57	1.52	1.46	1.39	1.32	1.22	1.00

（续）

$\alpha=0.025$

n_2	n_1																		
	1	2	3	4	5	6	7	8	9	10	12	15	20	24	30	40	60	120	∞
1	647.8	799.5	864.2	899.6	921.8	937.1	948.2	956.7	963.3	968.6	976.7	984.9	993.1	997.2	1001	1006	1010	1014	1018
2	38.51	39.00	39.17	39.25	39.30	39.33	39.36	39.37	39.39	39.40	39.41	39.43	39.45	39.46	39.46	39.47	39.48	39.49	39.50
3	17.44	16.04	15.44	15.10	14.88	14.73	14.62	14.54	14.47	14.42	14.34	14.25	14.17	14.12	14.08	14.04	13.99	13.95	13.90
4	12.22	10.65	9.98	9.60	9.36	9.20	9.07	8.98	8.90	8.84	8.75	8.66	8.56	8.51	8.46	8.41	8.36	8.31	8.26
5	10.01	8.43	7.76	7.39	7.15	6.98	6.85	6.76	6.68	6.62	6.52	6.43	6.33	6.28	6.23	6.18	6.12	6.07	6.02
6	8.81	7.26	6.60	6.23	5.99	5.82	5.70	5.60	5.52	5.46	5.37	5.27	5.17	5.12	5.07	5.01	4.96	4.90	4.85
7	8.07	6.54	5.89	5.52	5.29	5.12	4.99	4.90	4.82	4.76	4.67	4.57	4.47	4.41	4.36	4.31	4.25	4.20	4.14
8	7.57	6.06	5.42	5.05	4.82	4.65	4.53	4.43	4.36	4.30	4.20	4.10	4.00	3.95	3.89	3.84	3.78	3.73	3.67
9	7.21	5.71	5.08	4.72	4.48	4.32	4.20	4.10	4.03	3.96	3.87	3.77	3.67	3.61	3.56	3.51	3.45	3.39	3.33
10	6.94	5.46	4.83	4.47	4.24	4.07	3.95	3.85	3.78	3.72	3.62	3.52	3.42	3.37	3.31	3.26	3.20	3.14	3.08
11	6.72	5.26	4.63	4.28	4.04	3.88	3.76	3.66	3.59	3.53	3.43	3.33	3.23	3.17	3.12	3.06	3.00	2.94	2.88
12	6.55	5.10	4.47	4.12	3.89	3.73	3.61	3.51	3.44	3.37	3.28	3.18	3.07	3.02	2.96	2.91	2.85	2.79	2.72
13	6.41	4.97	4.35	4.00	3.77	3.60	3.48	3.39	3.31	3.25	3.15	3.05	2.95	2.89	2.84	2.78	2.72	2.66	2.60
14	6.30	4.86	4.24	3.89	3.66	3.50	3.38	3.29	3.21	3.15	3.05	2.95	2.84	2.79	2.73	2.67	2.61	2.55	2.49
15	6.20	4.77	4.15	3.80	3.58	3.41	3.29	3.20	3.12	3.06	2.96	2.86	2.76	2.70	2.64	2.59	2.52	2.46	2.40
16	6.12	4.69	4.08	3.73	3.50	3.34	3.22	3.12	3.05	2.99	2.89	2.79	2.68	2.63	2.57	2.51	2.45	2.38	2.32
17	6.04	4.62	4.01	3.66	3.44	3.28	3.16	3.06	2.98	2.92	2.82	2.72	2.62	2.56	2.50	2.44	2.38	2.32	2.25
18	5.98	4.56	3.95	3.61	3.38	3.22	3.10	3.01	2.93	2.87	2.77	2.67	2.56	2.50	2.44	2.38	2.32	2.26	2.19
19	5.92	4.51	3.90	3.56	3.33	3.17	3.05	2.96	2.88	2.82	2.72	2.62	2.51	2.45	2.39	2.33	2.27	2.20	2.13
20	5.87	4.46	3.86	3.51	3.29	3.13	3.01	2.91	2.84	2.77	2.68	2.57	2.46	2.41	2.35	2.29	2.22	2.16	2.09
21	5.83	4.42	3.82	3.48	3.25	3.09	2.97	2.87	2.80	2.73	2.64	2.53	2.42	2.37	2.31	2.25	2.18	2.11	2.04
22	5.79	4.38	3.78	3.44	3.22	3.05	2.93	2.84	2.76	2.70	2.60	2.50	2.39	2.33	2.27	2.21	2.14	2.08	2.00
23	5.75	4.35	3.75	3.41	3.18	3.02	2.90	2.81	2.73	2.67	2.57	2.47	2.36	2.30	2.24	2.18	2.11	2.04	1.97
24	5.72	4.32	3.72	3.38	3.15	2.99	2.87	2.78	2.70	2.64	2.54	2.44	2.33	2.27	2.21	2.15	2.08	2.01	1.94
25	5.69	4.29	3.69	3.35	3.13	2.97	2.85	2.75	2.68	2.61	2.51	2.41	2.30	2.24	2.18	2.12	2.05	1.98	1.91
26	5.66	4.27	3.67	3.33	3.10	2.94	2.82	2.73	2.65	2.59	2.49	2.39	2.28	2.22	2.16	2.09	2.03	1.95	1.88
27	5.63	4.24	3.65	3.31	3.08	2.92	2.80	2.71	2.63	2.57	2.47	2.36	2.25	2.19	2.13	2.07	2.00	1.93	1.85
28	5.61	4.22	3.63	3.29	3.06	2.90	2.78	2.69	2.61	2.55	2.45	2.34	2.23	2.17	2.11	2.05	1.98	1.91	1.83
29	5.59	4.20	3.61	3.27	3.04	2.88	2.76	2.67	2.59	2.53	2.43	2.32	2.21	2.15	2.09	2.03	1.96	1.89	1.81
30	5.57	4.18	3.59	3.25	3.03	2.87	2.75	2.65	2.57	2.51	2.41	2.31	2.20	2.14	2.07	2.01	1.94	1.87	1.79
40	5.42	4.05	3.46	3.13	2.90	2.74	2.62	2.53	2.45	2.39	2.29	2.18	2.07	2.01	1.94	1.88	1.80	1.72	1.64
60	5.29	3.93	3.34	3.01	2.79	2.63	2.51	2.41	2.33	2.27	2.17	2.06	1.94	1.88	1.82	1.74	1.67	1.58	1.48
120	5.15	3.80	3.23	2.89	2.67	2.52	2.39	2.30	2.22	2.16	2.05	1.94	1.82	1.76	1.69	1.61	1.53	1.43	1.31
∞	5.02	3.69	3.12	2.79	2.57	2.41	2.29	2.19	2.11	2.05	1.94	1.83	1.71	1.64	1.57	1.48	1.39	1.27	1.00

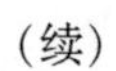
(续)

$\alpha=0.01$

n_2	n_1																		
	1	2	3	4	5	6	7	8	9	10	12	15	20	24	30	40	60	120	∞
1	4052	5000	5403	5625	5764	5859	5928	5982	6022	6056	6106	6057	6209	6235	6261	6287	6313	6339	6366
2	98.50	99.00	99.17	99.25	99.30	99.33	99.36	99.37	99.39	99.40	99.42	99.43	99.45	99.46	99.47	99.47	99.48	99.49	99.50
3	34.12	30.82	29.46	28.71	28.24	27.91	27.67	27.49	27.35	27.23	27.05	26.87	26.69	26.60	26.50	26.41	26.32	26.22	26.13
4	21.20	18.00	16.69	15.98	15.52	15.21	14.98	14.80	14.66	14.55	14.37	14.20	14.02	13.93	13.84	13.75	13.65	13.56	13.46
5	16.26	13.27	12.06	11.39	10.97	10.67	10.46	10.29	10.16	10.05	9.89	9.72	9.55	9.47	9.38	9.29	9.20	9.11	9.02
6	13.75	10.92	9.78	9.15	8.75	8.47	8.26	8.10	7.98	7.87	7.72	7.56	7.40	7.31	7.23	7.14	7.06	6.97	6.88
7	12.25	9.55	8.45	7.85	7.46	7.19	6.99	6.84	6.72	6.62	6.47	6.31	6.16	6.07	5.99	5.91	5.82	5.74	5.65
8	11.26	8.65	7.59	7.01	6.63	6.37	6.18	6.03	5.91	5.81	5.67	5.52	5.36	5.28	5.20	5.12	5.03	4.95	4.86
9	10.56	8.02	6.99	6.42	6.06	5.80	5.61	5.47	5.35	5.26	5.11	4.96	4.81	4.73	4.65	4.57	4.48	4.40	4.31
10	10.04	7.56	6.55	5.99	5.64	5.39	5.20	5.06	4.94	4.85	4.71	4.56	4.41	4.33	4.25	4.17	4.08	4.00	3.91
11	9.65	7.21	6.22	5.67	5.32	5.07	4.89	4.74	4.63	4.54	4.40	4.25	4.10	4.02	3.94	3.86	3.78	3.69	3.60
12	9.33	6.93	5.95	5.41	5.06	4.82	4.64	4.50	4.39	4.30	4.16	4.01	3.86	3.78	3.70	3.62	3.54	3.45	3.36
13	9.07	6.70	5.74	5.21	4.86	4.62	4.44	4.30	4.19	4.10	3.96	3.82	3.66	3.59	3.51	3.43	3.34	3.25	3.17
14	8.86	6.51	5.56	5.04	4.69	4.46	4.28	4.14	4.03	3.94	3.80	3.66	3.51	3.43	3.35	3.27	3.18	3.09	3.00
15	8.68	6.36	5.42	4.89	4.56	4.32	4.14	4.00	3.89	3.80	3.67	3.52	3.37	3.29	3.21	3.13	3.05	2.96	2.87
16	8.53	6.23	5.29	4.77	4.44	4.20	4.03	3.89	3.78	3.69	3.55	3.41	3.26	3.18	3.10	3.02	2.93	2.84	2.75
17	8.40	6.11	5.18	4.67	4.34	4.10	3.93	3.79	3.68	3.59	3.46	3.31	3.16	3.08	3.00	2.92	2.83	2.75	2.65
18	8.29	6.01	5.09	4.58	4.25	4.01	3.84	3.71	3.60	3.51	3.37	3.23	3.08	3.00	2.92	2.84	2.75	2.66	2.57
19	8.18	5.93	5.01	4.50	4.17	3.94	3.77	3.63	3.52	3.43	3.30	3.15	3.00	2.92	2.84	2.76	2.67	2.58	2.49
20	8.10	5.85	4.94	4.43	4.10	3.87	3.70	3.56	3.46	3.37	3.23	3.09	2.94	2.86	2.78	2.69	2.61	2.52	2.42
21	8.02	5.78	4.87	4.37	4.04	3.81	3.64	3.51	3.40	3.31	3.17	3.03	2.88	2.80	2.72	2.64	2.55	2.46	2.36
22	7.95	5.72	4.82	4.31	3.99	3.76	3.59	3.45	3.35	3.26	3.12	2.98	2.83	2.75	2.67	2.58	2.50	2.40	2.31
23	7.88	5.66	4.76	4.26	3.94	3.71	3.54	3.41	3.30	3.21	3.07	2.93	2.78	2.70	2.62	2.54	2.45	2.35	2.26
24	7.82	5.61	4.72	4.22	3.90	3.67	3.50	3.36	3.26	3.17	3.03	2.89	2.74	2.66	2.58	2.49	2.40	2.31	2.21
25	7.77	5.57	4.68	4.18	3.85	3.63	3.46	3.32	3.22	3.13	2.99	2.85	2.70	2.62	2.54	2.45	2.36	2.27	2.17
26	7.72	5.53	4.64	4.14	3.82	3.59	3.42	3.29	3.18	3.09	2.96	2.81	2.66	2.58	2.50	2.42	2.33	2.23	2.13
27	7.68	5.49	4.60	4.11	3.78	3.56	3.39	3.26	3.15	3.06	2.93	2.78	2.63	2.55	2.47	2.38	2.29	2.20	2.10
28	7.64	5.45	4.57	4.07	3.75	3.53	3.36	3.23	3.12	3.03	2.90	2.75	2.60	2.52	2.44	2.35	2.26	2.17	2.06
29	7.60	5.42	4.54	4.04	3.73	3.50	3.33	3.20	3.09	3.00	2.87	2.73	2.57	2.49	2.41	2.33	2.23	2.14	2.03
30	7.56	5.39	4.51	4.02	3.70	3.47	3.30	3.17	3.07	2.98	2.84	2.70	2.55	2.47	2.39	2.30	2.21	2.11	2.01
40	7.31	5.18	4.31	3.83	3.51	3.29	3.12	2.99	2.89	2.80	2.66	2.52	2.37	2.29	2.20	2.11	2.02	1.92	1.80
60	7.08	4.98	4.13	3.65	3.34	3.12	2.95	2.82	2.72	2.63	2.50	2.35	2.20	2.12	2.03	1.94	1.84	1.73	1.60
120	6.85	4.79	3.95	3.48	3.17	2.96	2.79	2.66	2.56	2.47	2.34	2.19	2.03	1.95	1.86	1.76	1.66	1.53	1.38
∞	6.63	4.61	3.78	3.32	3.02	2.80	2.64	2.51	2.41	2.32	2.18	2.04	1.88	1.79	1.70	1.59	1.47	1.32	1.00

（续）

$\alpha=0.005$

n_2	n_1																		
	1	2	3	4	5	6	7	8	9	10	12	15	20	24	30	40	60	120	∞
1	16210	20000	21615	22400	23056	23437	23715	23925	24091	24224	24426	24630	24836	24936	25044	25148	25253	25359	25465
2	198.5	199.0	199.2	199.2	199.3	199.3	199.4	199.4	199.4	199.4	199.4	199.4	199.4	199.5	199.5	199.5	199.5	199.5	199.5
3	55.55	49.80	47.47	46.19	45.39	44.84	44.43	44.13	43.88	43.69	43.39	43.08	42.78	42.62	42.47	42.31	42.15	41.99	41.83
4	31.33	26.28	24.26	23.15	22.46	21.97	21.62	21.35	21.14	20.97	20.70	20.44	20.17	20.03	19.89	19.75	19.61	19.47	19.32
5	22.78	18.31	16.53	15.56	14.94	14.51	14.20	13.96	13.77	13.62	13.38	13.15	12.90	12.78	12.66	12.53	12.40	12.27	12.14
6	18.63	14.54	12.92	12.03	11.46	11.07	10.79	10.57	10.39	10.25	10.03	9.81	9.59	9.47	9.36	9.24	9.12	9.00	8.88
7	16.24	12.40	10.88	10.05	9.52	9.16	8.89	8.68	8.51	8.38	8.18	7.97	7.75	7.64	7.53	7.42	7.31	7.19	7.08
8	14.69	11.04	9.60	8.81	8.30	7.95	7.69	7.50	7.34	7.21	7.01	6.81	6.61	6.50	6.40	6.29	6.18	6.06	5.95
9	13.61	10.11	8.72	7.96	7.47	7.13	6.88	6.69	6.54	6.42	6.23	6.03	5.83	5.73	5.62	5.52	5.41	5.30	5.19
10	12.83	9.43	8.08	7.34	6.87	6.54	6.30	6.12	5.97	5.85	5.66	5.47	5.27	5.17	5.07	4.97	4.86	4.75	4.64
11	12.23	8.91	7.60	6.88	6.42	6.10	5.86	5.68	5.54	5.42	5.24	5.05	4.86	4.76	4.65	4.55	4.45	4.34	4.23
12	11.75	8.51	7.23	6.52	6.07	5.76	5.52	5.35	5.20	5.09	4.91	4.72	4.53	4.43	4.33	4.23	4.12	4.01	3.90
13	11.37	8.19	6.93	6.23	5.79	5.48	5.25	5.08	4.94	4.82	4.64	4.46	4.27	4.17	4.07	3.97	3.87	3.76	3.65
14	11.06	7.92	6.68	6.00	5.56	5.26	5.03	4.86	4.72	4.60	4.43	4.25	4.06	3.96	3.86	3.76	3.66	3.55	3.44
15	10.80	7.70	6.48	5.80	5.37	5.07	4.85	4.67	4.54	4.42	4.25	4.07	3.88	3.79	3.69	3.58	3.48	3.37	3.26
16	10.58	7.51	6.30	5.64	5.21	4.91	4.69	4.52	4.38	4.27	4.10	3.92	3.73	3.64	3.54	3.44	3.33	3.22	3.11
17	10.38	7.35	6.16	5.50	5.07	4.78	4.56	4.39	4.25	4.14	3.97	3.79	3.61	3.51	3.41	3.31	3.21	3.10	2.98
18	10.22	7.21	6.03	5.37	4.96	4.66	4.44	4.28	4.14	4.03	3.86	3.68	3.50	3.40	3.30	3.20	3.10	2.99	2.87
19	10.07	7.09	5.92	5.27	4.85	4.56	4.34	4.18	4.04	3.93	3.76	3.59	3.40	3.31	3.21	3.11	3.00	2.89	2.78
20	9.94	6.99	5.82	5.17	4.76	4.47	4.26	4.09	3.96	3.85	3.68	3.50	3.32	3.22	3.12	3.02	2.92	2.81	2.69
21	9.83	6.89	5.73	5.09	4.68	4.39	4.18	4.01	3.88	3.77	3.60	3.43	3.24	3.15	3.05	2.95	2.84	2.73	2.61
21	9.83	6.89	5.73	5.09	4.68	4.39	4.18	4.01	3.88	3.77	3.60	3.43	3.24	3.15	3.05	2.95	2.84	2.73	2.61
22	9.73	6.81	5.65	5.02	4.61	4.32	4.11	3.94	3.81	3.70	3.54	3.36	3.18	3.08	2.98	2.88	2.77	2.66	2.55
23	9.63	6.73	5.58	4.95	4.54	4.26	4.05	3.88	3.75	3.64	3.47	3.30	3.12	3.02	2.92	2.82	2.71	2.60	2.48
24	9.55	6.66	5.52	4.89	4.49	4.20	3.99	3.83	3.69	3.59	3.42	3.25	3.06	2.97	2.87	2.77	2.66	2.55	2.43
25	9.48	6.60	5.46	4.84	4.43	4.15	3.94	3.78	3.64	3.54	3.37	3.20	3.01	2.92	2.82	2.72	2.61	2.50	2.38
26	9.41	6.54	5.41	4.79	4.38	4.10	3.89	3.73	3.60	3.49	3.33	3.15	2.97	2.87	2.77	2.67	2.56	2.45	2.33
27	9.34	6.49	5.36	4.74	4.34	4.06	3.85	3.69	3.56	3.45	3.28	3.11	2.93	2.83	2.73	2.63	2.52	2.41	2.29
28	9.28	6.44	5.32	4.70	4.30	4.02	3.81	3.65	3.52	3.41	3.25	3.07	2.89	2.79	2.69	2.59	2.48	2.37	2.25
29	9.23	6.40	5.28	4.66	4.26	3.98	3.77	3.61	3.48	3.38	3.21	3.04	2.86	2.76	2.66	2.56	2.45	2.33	2.21
30	9.18	6.35	5.24	4.62	4.23	3.95	3.74	3.58	3.45	3.34	3.18	3.01	2.82	2.73	2.63	2.52	2.42	2.30	2.18
40	8.83	6.07	4.98	4.37	3.99	3.71	3.51	3.35	3.22	3.12	2.95	2.78	2.60	2.50	2.40	2.30	2.18	2.06	1.93
60	8.49	5.79	4.73	4.14	3.76	3.49	3.29	3.13	3.01	2.90	2.74	2.57	2.39	2.29	2.19	2.08	1.96	1.83	1.69
120	8.18	5.54	4.50	3.92	3.55	3.28	3.09	2.93	2.81	2.71	2.54	2.37	2.19	2.09	1.98	1.87	1.75	1.61	1.43
∞	7.88	5.30	4.28	3.72	3.35	3.09	2.90	2.74	2.62	2.52	2.36	2.19	2.00	1.90	1.79	1.67	1.53	1.36	1.00

参考答案

习题 1

1. (1) 0.45；(2) 0.25；(3) $F(x)=\begin{cases}0, & x<-1,\\ 0.25, & -1\leqslant x<0,\\ 0.45, & 0\leqslant x<1,\\ 0.75, & 1\leqslant x<2,\\ 1, & x\geqslant 2.\end{cases}$

2. (1) $P\{X=k\}=C_{10}^{k}0.85^{k}0.15^{10-k}(k=0,1,2,\cdots,10)$；(2) 0.8202；(3) 0.8031；(4) 5 部.

3. (1) 0.02977；(2) 0.00284.

4. (1) $P\{X=k\}=0.8\cdot(0.2)^{k-1}(k=1,2,\cdots)$；(2) 0.032；(3) 0.99968.

5. 不少于 8 万元.

6. (1) $C=\dfrac{1}{2a}$；(2) $F(x)=\begin{cases}\dfrac{1}{2}e^{\frac{x}{a}}, & x<0,\\ 1-\dfrac{1}{2}e^{-\frac{x}{a}}, & x\geqslant 0;\end{cases}$ (3) $1-e^{-\frac{2}{a}}$；

(4) $f_Y(y)=\begin{cases}\dfrac{1}{a}y^{-\frac{1}{2}}e^{-\frac{2\sqrt{y}}{a}}, & y\geqslant 0,\\ 0, & y<0.\end{cases}$

7. (1) 0.8413；(2) 0.9545；(3) 0.1573.

8. (1) 0.988；(2) 111.84；(3) 57.5.

9. 11/6.

10. b；$2a^2$.

11. (1) $\dfrac{\alpha^2-\beta^2}{\alpha^2+\beta^2}$；(2) $\alpha=-\beta$.

12. (1) $f_X(x)=\begin{cases}\dfrac{1}{b-a}, & a<x<b,\\ 0, & \text{其他};\end{cases}$ $f_Y(y)=\begin{cases}\dfrac{1}{d-c}, & c<x<d,\\ 0, & \text{其他};\end{cases}$

(2) $E(Z)=\dfrac{1}{2}(2a+2b-c-d)$；$D(Z)=\dfrac{4(b-a)^2+(d-c)^2}{12}$；

(3) $\mathrm{Cov}(X,Z)=\frac{(b-a)^2}{6}$;

(4) 0；独立.

13. $n\geqslant 537$.

14. 0.95.

15. 0.9522.

16. (1) $(2\pi)^{-n/2}\mathrm{e}^{-\frac{1}{2}\sum\limits_{i=1}^{n}x_i^2}$；(2) $\sqrt{\frac{n}{2\pi}}\mathrm{e}^{-\frac{n}{2}x^2}$.

17.

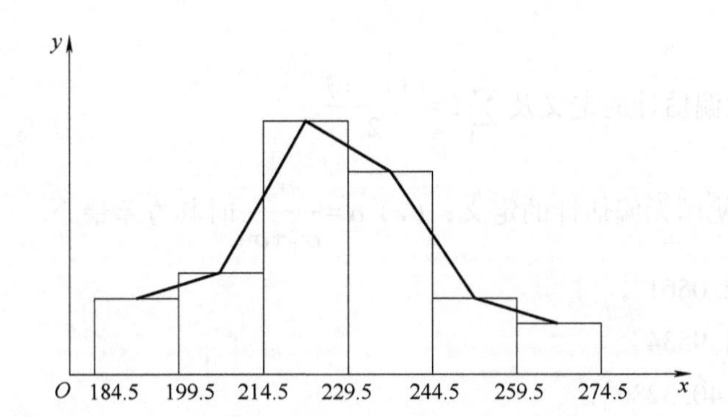

18. $F_{20}(x)=\begin{cases}0, & x<0,\\ \frac{1}{5}, & 0\leqslant x<1,\\ \frac{11}{20}, & 1\leqslant x<2,\\ \frac{17}{20}, & 2\leqslant x<3,\\ \frac{19}{20}, & 3\leqslant x<4,\\ 1, & x\geqslant 4.\end{cases}$

19. (1)和(5).

20. 3.73；0.2857；8.68；0.13.

21. 0.9544.

22. (1) $\chi^2(10)$；(2) $\chi^2(20)$；(3) $F(10,20)$.

23. $a=\frac{1}{20}$；$b=\frac{1}{100}$；自由度为2.

习题 2

1. $\hat{p}_{\mathrm{ME}}=\overline{X}$，$\hat{p}_{\mathrm{MLE}}=\overline{X}$.

2. $\hat{p}_{\mathrm{ME}}=\frac{1}{\overline{X}}$，$\hat{p}_{\mathrm{MLE}}=\frac{1}{\overline{X}}$.

3. 0.25；0.2828.

4. $\hat{\theta}_{\mathrm{ME}}=\dfrac{\overline{X}}{1-\overline{X}}$，$\hat{\theta}_{\mathrm{MLE}}=-\dfrac{n}{\sum\limits_{i=1}^{n}\ln X_i}$，2.3708，2.8405.

5. $\hat{\lambda}_{\mathrm{MLE}}=\dfrac{1}{\overline{X}}$.

6. $\hat{\theta}_{\mathrm{ME}}=\overline{X}$，$\hat{\theta}$ 的极大似然估计：$\hat{\theta}_1=x_{(1)}$，$\hat{\theta}_2=x_{(n)}-1$.

7. (1) $\hat{\mu}_1$, $\hat{\mu}_3$是μ 的无偏估计；(2) $\hat{\mu}_3$更有效.

8. $C=\dfrac{1}{2(n-1)}$.

9. 提示：使用无偏估计的定义及$\sum\limits_{i=1}^{n}i=\dfrac{n(n-1)}{2}$.

10. (1) 提示：使用无偏估计的定义；(2) $\alpha=\dfrac{\sigma_2^2}{\sigma_1^2+\sigma_2^2}$时其方差最小.

11. [47.9439,52.0561].

12. [75.0466,84.9534].

13. [129.6714,140.3286].

14. (1) [572.101,578.299]；(2) [568.9746,581.4254].

15. [223.9058,562.3734].

16. [0.0238,0.3677].

17. [-4.1527,0.1127].

18. [-0.4508,1.0063].

19. [0.4539,2.7911].

20. [0.2829,4.0578].

21. 22.1503.

习题 3

1. 在原假设 H_0 成立的情况下，样本值落入了拒绝域 W，因而 H_0 被拒绝了，称这类错误为第一类错误或“弃真”错误；在原假设 H_0 不成立、H_1 成立的情况下，样本值落入了接受域 $\overline{W}$，因而 H_0 被接受了，称这类错误为第二类错误或“取伪”错误.

2. 统计量落入拒绝域的概率为显著性水平 α，α 的取值一般为 0.01，0.05，0.1，一般认为拒绝域即为小概率区域；对应的接受域为大概率区域.

3. 假设检验的基本步骤为：

第一步，建立假设，根据实际问题提出原假设 H_0 及备择假设 H_1.

第二步，选择合适的统计量，选取在原假设成立的条件下能确定其分布的统计量为检验统计量.

第三步，做出判断，给定显著性水平 α(一般取 $\alpha=0.01$，0.05 或 0.10)，在显著性水平 α

条件下根据样本观测值计算检验统计量 T，根据对应分布的临界值表查找相应的临界值，确定拒绝域 W，以验证拒绝条件是否成立，如果拒绝条件成立，就拒绝原假设 H_0，否则接受原假设 H_0.

4. 拒绝原假设 H_0，这天生产的灯泡寿命有显著变化.

5. 拒绝 H_0，即新工艺对零件的电阻值有显著影响.

6. 接受 H_0，认为包装机工作正常.

7. 接受 H_0，即该批轴料的总体方差与规定的方差无显著差异.

8. 接受 H_0，即这批螺栓的口径方差达到规定要求.

9. 接受 H_0，即这批零件的方差达标.

10. 接受 H_0，认为这批木材属于一等品.

11. 接受 H_0，即孔直径的标准差没有超过 0.04mm.

12. 东西两支矿脉含锌量的平均值可看作一样.

13. 方差无显著差异.

14. (1) 甲、乙两台机床加工零件外径的方差相等；

(2) 甲、乙两台机床加工零件外径的均值相等.

15. (1) 用标准方法与新方法钢的产率方差是一致的；

(2) 新操作方法能显著提高钢的产率.

16. 认为骰子六个面是均匀的.

17. 各锭子的断头数不服从泊松分布.

18. 螺栓口径 X 服从正态分布.

19. 两厂蓄电池的容量可以认为服从同一正态分布.

20. 速度方面有显著差异，均匀性方面无显著差异.

21. 可以认为是来自(0,1)区间上均匀分布的随机数.

习题 4

1. (1) $y=2.6765+17.5467x$；(2) $SSE=57.7163$，$\hat{\sigma}=1.7907$；(3) $\hat{\sigma}_{\beta_1}=0.9346$，$\hat{\sigma}_{\beta_0}=0.4847$；(4) $SST=1187.8$，$SSR=1130.1$，$SSE=57.7$，$SST=SSR+SSE$ 成立.

2. (1) $y=-38.1752+174.8198x$；(2) $R^2=0.5476$；(3) 回归方程显著，回归系数显著；(4) 75.4577，[71.5232,79.3921].

3. (1) $y=-1.6580+211.1111x$；(2) $R^2=0.8986$，回归方程显著，回归系数显著；

(3) [115.0532,123.9652]，[89.8091,99.4707].

4. (1) $y=0.5273+3.8059x$；(2) $R^2=0.9851$，回归方程显著，回归系数显著；

(3) [−1.4159,2.4705]，[3.3879,4.2240]；(4) 13.8481，[11.7500,15.9462].

5. (1) $y=-102.7132+0.6054x_1+8.9236x_2+1.4375x_3+0.0136x_4$；(2) $SSE=1699$，$\hat{\sigma}=13.0346$；(3) $R^2=0.745$，$R_a^2=0.599$；(4) 回归方程显著；(5) 回归系数均在 5%的水平上不显著.

6. (1) $y=47.174-9.7352x_1+0.4283x_2+18.2375x_3$；(2) $SSE=193.7248$，$\hat{\sigma}=3.2806$；

(3) $R^2=0.994$，$R_a^2=0.993$；(4) 回归方程显著；(5) $\hat{\beta}_1$ 和 $\hat{\beta}_3$ 均在 5%的水平上显著，$\hat{\beta}_2$ 在 10%的水平上显著.

7. 提示：采用适当的多项式函数拟合.

8. $y=-0.7464+\dfrac{2.7603}{x}$，$0.0422\Omega$，$-0.1330\Omega$.

习题 5

1. 有显著差异.

2. 没有显著差异.

3. 显著.

4. 4 台机器的装填量有显著差异.

5. 不同含铜量、不同温度对冲击强度有显著影响.

6. 五位工人技术水平和不同车床型号之间对产量均无显著影响.

7. 不同的地块对樱桃产量有显著影响，不同的种植技术对樱桃产量无显著影响.

8. (1) 等温温度对铣刀硬度没有显著影响；

(2) 淬火温度对铣刀硬度有显著影响.

9. 收缩率(因素 A)对纤维弹性有显著影响；总拉伸倍数(因素 B)对纤维弹性无显著影响；收缩率(因素 A)和总拉伸倍数(因素 B)的交互作用分别对纤维弹性有显著影响.

10. 燃料对火箭的射程有显著影响，推进器对火箭的射程有显著影响，燃料与推进器交互作用对火箭的射程有显著影响.

11. 氧化锌、促进剂对定伸强度有显著影响；而它们的交互作用对定伸强度无显著影响.

12. 两种因素的影响均不显著.

习题 6

1. $$F_1\left(x,\frac{\pi}{4}\right)=\begin{cases}0, x<\dfrac{\sqrt{2}}{2},\\[2mm] \dfrac{1}{3}, \dfrac{\sqrt{2}}{2}\leqslant x<\sqrt{2},\\[2mm] \dfrac{2}{3}, \sqrt{2}\leqslant x<\dfrac{3\sqrt{2}}{2},\\[2mm] 1, x\geqslant\dfrac{3\sqrt{2}}{2}.\end{cases}$$

2. $$f_{X(t)}(x)=\begin{cases}0, -1<x<1,\\ 1, \text{其他}.\end{cases}$$

3. 不是二阶矩过程.

4. (1) $13\mathrm{e}^{-3}$；(2) $18\mathrm{e}^{-9}$；(3) $\dfrac{1-4\mathrm{e}^{-3}}{1-\mathrm{e}^{-3}}$.

5.（1）略；（2）转移矩阵 $\boldsymbol{P}=\begin{pmatrix} \frac{1}{2} & \frac{1}{2} & 0 \\ \frac{1}{2} & 0 & \frac{1}{2} \\ 0 & \frac{1}{2} & \frac{1}{2} \end{pmatrix}$；

（3）2 步状态转移矩阵 $\boldsymbol{P}^{(2)}=\boldsymbol{P}^2=\begin{pmatrix} \frac{1}{2} & \frac{1}{4} & \frac{1}{4} \\ \frac{1}{4} & \frac{1}{2} & \frac{1}{4} \\ \frac{1}{4} & \frac{1}{4} & \frac{1}{2} \end{pmatrix}$；（4）极限分布为 $\left(\frac{1}{3},\frac{1}{3},\frac{1}{3}\right)^{\mathrm{T}}$.

参考文献

[1] 赵仪娜. 概率论与数理统计[M]. 西安：西安交通大学出版社，2009.

[2] 王松桂，张忠占，程维虎，等. 概率论与数理统计[M]. 3版. 北京：科学出版社，2011.

[3] 宗序平. 概率论与数理统计[M]. 4版. 北京：机械工业出版社，2019.

[4] 何晓群，刘文卿. 应用回归分析[M]. 5版. 北京：中国人民大学出版社，2019.

[5] 贾俊平，何晓群，金勇进. 统计学[M]. 5版. 北京：中国人民大学出版社，2018.

[6] MONTGOMERY D C，RUNGER G C，HUBELE N F. 工程统计学：第5版[M]. 张波，金婷婷，李玥，译. 北京：中国人民大学出版社，2014.

[7] JOHNSON R A. Statistics principles and methods [M]. 6th ed. Hoboken：John Wiley & Sons，Inc.，2010.

[8] 盛骤，谢式千，潘承毅. 概率论与数理统计[M]. 4版. 北京：高等教育出版社，2008.

[9] 贺兴时，薛红. 概率论与数理统计[M]. 北京：高等教育出版社，2015.

[10] 茆诗松，程依明，濮晓龙. 概率论与数理统计[M]. 北京：高等教育出版社，2004.

[11] 茆诗松，吕晓玲. 数理统计学[M]. 北京：中国人民大学出版社，2016.

[12] 陈仲堂，赵德平，李彦平，等. 数理统计[M]. 北京：国防工业出版社，2014.

[13] 师义民，徐伟，秦超英，等. 数理统计[M]. 北京：科学出版社，2015.

[14] 曹莉，文海玉. 应用数理统计[M]. 哈尔滨：哈尔滨工业大学出版社，2013.

[15] 吕亚芹. 应用数理统计学[M]. 北京：中国建筑工业出版社，2018.

[16] 刘剑平，朱坤平，陆元鸿. 应用数理统计[M]. 上海：华东理工大学出版社，2019.

[17] 张波，商豪. 应用随机过程[M]. 5版. 北京：中国人民大学出版社，2020.

[18] 刘秀芹，李娜，赵金玲. 应用随机过程[M]. 北京：科学出版社，2015.